建筑幕墙系统与施工组织管理研究

薛 萃 著

吉林科学技术出版社

图书在版编目（CIP）数据

建筑幕墙系统与施工组织管理研究 / 薛萃著． -- 长
春 ：吉林科学技术出版社，2024.5

ISBN 978-7-5744-1346-7

Ⅰ．①建… Ⅱ．①薛… Ⅲ．①幕墙－建筑工程－施工
管理－研究 Ⅳ．① TU227

中国国家版本馆 CIP 数据核字（2024）第 097932 号

JIANZHU MUQIANG XITONG YU SHIGONG ZUZHI GUANLI YANJIU

建筑幕墙系统与施工组织管理研究

著　　　者	薛　萃
出 版 人	宛　霞
责任编辑	鲁　梦
封面设计	树人教育
制　　版	树人教育
幅面尺寸	185mm×260mm
开　　本	16
字　　数	320 千字
印　　张	14.5
印　　数	1-1500 册
版　　次	2024 年 5 月第 1 版
印　　次	2024 年 12 月第 1 次印刷
出　　版	吉林科学技术出版社
发　　行	吉林科学技术出版社
地　　址	长春市南关区福祉大路 5788 号出版大厦 A 座
邮　　编	130118

发行部电话 / 传真　0431-81629529　　81629530　　81629531
　　　　　　　　　　 81629532　　81629533　　81629534

储运部电话　0431-86059116

编辑部电话　0431-81629520

印　　刷	三河市嵩川印刷有限公司
书　　号	ISBN 978-7-5744-1346-7
定　　价	55.00 元

前　　言

　　建筑幕墙系统作为现代建筑的重要组成部分,不仅具有美化建筑外观的作用,还在保温、隔热、防水、降噪等方面发挥着至关重要的作用。随着建筑技术的不断发展,幕墙系统日趋复杂,其设计、施工及管理难度也相应增加。因此,对建筑幕墙系统及其施工组织管理进行深入的研究,具有重要的理论价值和现实意义。

　　幕墙系统是建筑物外立面的重要组成部分,其质量和性能直接关系着建筑物的使用寿命、安全性能以及整体效果。近年来,随着建筑行业的快速发展,幕墙系统的应用范围不断扩大,技术含量也不断提高。然而,施工过程中的种种问题也随之而来,如施工质量控制、安全管理、进度管理等。这些问题直接影响着幕墙系统的施工质量和效果。

　　施工组织管理是确保幕墙系统施工顺利进行的关键环节。施工组织管理涉及人员、材料、设备、技术等多个方面,需要制定科学合理的施工方案,合理安排施工进度,确保施工质量和安全。同时,施工组织管理还需要与建筑设计、结构、机电等其他专业进行紧密配合,形成一体化的施工管理体系。

　　建筑幕墙系统与施工组织管理研究是一项具有深远意义的课题。本书将综合运用多种研究方法和技术手段,深入探讨幕墙系统的施工技术和管理方法,以期为我国建筑行业的发展贡献一分力量。

目 录

第一章 建筑幕墙系统概述

第一节 幕墙系统的定义与分类

一、幕墙系统的定义及其在建筑中的作用

（一）幕墙系统的定义

幕墙系统，简而言之，是一种现代建筑的外墙围护结构，它通常由面板和支承结构体系组成，不承担主体结构的荷载与作用。幕墙系统以其独特的外观设计和多样化的材料选择，为现代建筑提供了丰富的立面表达形式。幕墙系统不仅具有装饰性，而且具有保温、隔热、防风雨、防噪声等多种功能。

具体来说，幕墙系统的主要由面板材料、支撑框架、连接件以及密封材料组成。面板材料通常采用玻璃、金属板、石材等，这些材料不仅具有良好的视觉效果，还能满足建筑对耐候性、抗风压等性能的要求。支撑框架则是幕墙系统的骨架，它支撑着面板材料，并将其固定在建筑主体结构上。连接件用于连接面板材料和支撑框架，确保整个系统的稳定性和安全性。密封材料则用于填充幕墙系统的缝隙，防止水、空气等外界因素的侵入。

（二）幕墙系统在建筑中的作用

幕墙系统在建筑中具有多方面的作用，它不仅是建筑外观的重要组成部分，还承担着保护建筑内部环境、提高建筑能效等多项功能。

幕墙系统以其多样化的材料和设计，为建筑提供了丰富的立面表现形式。不同的面板材料、颜色和纹理可以呈现出不同的视觉效果，使建筑外观更具特色和艺术感。同时，幕墙系统还可以与建筑的整体设计风格相协调，提升建筑的整体美感。幕墙系统作为建筑的外墙围护结构，具有良好的密封性和耐候性，能够有

效地阻挡风雨、灰尘等外界因素的侵入，保护建筑内部环境的清洁和舒适。此外，幕墙系统还可以防止紫外线、噪声等有害因素对建筑内部的影响，为建筑提供一个安全、健康的室内环境。

随着节能环保理念的普及，幕墙系统在提高建筑能效方面发挥着越来越重要的作用。通过采用节能型面板材料和先进的热工设计，幕墙系统可以有效地降低建筑的能耗，提高建筑的保温、隔热性能。同时，一些智能型幕墙系统还可以根据外部环境的变化自动调节室内温度和采光，进一步提高建筑的能效水平。幕墙系统在设计和施工过程中，充分考虑了结构的安全性和稳定性。通过合理的支撑框架设计和连接件的选用，幕墙系统能够承受强风、地震等自然灾害的考验，确保建筑的安全性。此外，幕墙系统还具有良好的防火性能，能够在火灾等紧急情况下为建筑提供一定程度的保护。

随着可持续发展理念的深入人心，幕墙系统也在逐步实现绿色、环保的设计和施工。通过采用环保型材料和节能技术，幕墙系统可以降低建筑对环境的影响，实现建筑与自然的和谐共生。同时，幕墙系统的可拆卸、可回收性也为其在未来建筑的更新改造提供了便利。

（三）细分探讨幕墙系统的各个方面

幕墙系统的材料选择对其性能和外观具有决定性的影响。随着科技的进步，新型材料不断涌现，如低辐射玻璃、自洁玻璃、高性能金属板等。这些材料不仅提高了幕墙系统的性能，还丰富了其视觉表现力。同时，技术创新也推动了幕墙系统的发展，如智能型幕墙系统的出现，使得幕墙系统能够根据环境变化自动调节，实现更高效的能源利用。幕墙系统的设计与施工技术是确保其质量和效果的关键。现代幕墙系统设计更加注重与建筑整体风格的融合和个性化表达，通过巧妙的设计和精湛的施工技术，可以创造出独具特色的建筑立面。同时，随着施工技术的不断进步，如预制装配式施工技术的应用，使得幕墙系统的安装更加快捷、准确，提高了施工效率和质量。

幕墙系统的维护与管理是确保其长期稳定运行的重要环节。随着使用年限的增加，幕墙系统可能会出现老化、损坏等问题，需要定期进行维修和保养。同时，随着智能化技术的发展，智能型幕墙系统的维护与管理也面临着新的挑战和机遇。通过引入智能化监测系统和远程管理技术，可以实现对幕墙系统的实时监控和高效维护，提高管理水平和效率。

二、幕墙系统的分类及其特点

幕墙系统作为现代建筑的重要组成部分，以其多样化的形式和特点，为建筑提供了丰富的立面表现。根据不同的分类标准，幕墙系统可以分为多种类型，每种类型都有其独特的特点和应用场景。

（一）幕墙系统的分类

幕墙系统按照不同的分类标准，可以划分为多种类型。以下是一些常见的分类方式及其对应的幕墙系统类型：

1. 按面板材料分类

（1）玻璃幕墙：以玻璃为主要面板材料的幕墙系统。玻璃幕墙具有透明、美观、节能等特点，广泛应用于商业建筑、办公楼等场所。

（2）金属幕墙：以金属板（如铝板、不锈钢板等）为主要面板材料的幕墙系统。金属幕墙具有质感强烈、耐久性好、易加工等特点，常用于高端建筑和地标性建筑。

（3）石材幕墙：以天然石材或人造石材为主要面板材料的幕墙系统。石材幕墙具有高贵、典雅、耐久等特点，适用于高档住宅、文化建筑等场所。

2. 按结构形式分类

（1）明框幕墙：面板材料镶嵌在金属框架中，形成明显的框架线条。明框幕墙具有结构清晰、立体感强等特点，适用于需要突出建筑轮廓的场所。

（2）隐框幕墙：面板材料通过特殊的连接方式与金属框架连接，表面看不到明显的框架线条。隐框幕墙具有简洁、美观、整体感强等特点，常用于现代简约风格的建筑。

（3）点支式幕墙：通过金属连接件和支撑结构将面板材料固定在建筑主体上，形成点式支撑。点支式幕墙具有轻盈、通透、结构灵活等特点，适用于大跨度、异形建筑等场景。

3. 按功能特点分类

（1）节能幕墙：采用节能型面板材料和先进的热工设计，具有优异的保温、隔热性能。节能幕墙有助于降低建筑能耗，提高能效水平。

（2）智能幕墙：具备自动调节、智能控制等功能，能够根据环境变化自动调节室内环境参数。智能幕墙提高了建筑的舒适性和使用效果，实现了建筑与环境的和谐共生。

（3）装饰性幕墙：以装饰效果为主要特点的幕墙系统，注重面板材料的色彩、纹理和造型设计。装饰性幕墙能够提升建筑的美观性和艺术感，为城市景观增添亮点。

（二）幕墙系统的特点

不同类型的幕墙系统具有各自的特点，这些特点使得幕墙系统在现代建筑中发挥着重要作用。以下是一些常见的幕墙系统特点：

幕墙系统以其多样化的面板材料和设计形式，为建筑提供了丰富的立面表现。不同的幕墙系统可以根据建筑的整体风格和设计理念进行定制，实现个性化的外观效果。同时，幕墙系统的线条、色彩和质感也可以与周围环境相协调，提升建筑的整体美感。

幕墙系统不仅具有装饰作用，还承担着保护建筑内部环境、提高建筑能效等多项功能。通过采用节能型面板材料和先进的热工设计，幕墙系统可以有效地降低建筑的能耗，提高保温、隔热性能。同时，幕墙系统还可以阻挡风雨、灰尘等外界因素的侵入，保护建筑内部环境的清洁和舒适。

幕墙系统在设计和施工过程中，充分考虑了结构的安全性和稳定性。通过合理的支撑框架设计和连接件的选用，幕墙系统能够承受强风、地震等自然灾害的考验，确保建筑的安全。此外，幕墙系统还具有良好的防火性能，能够在火灾等紧急情况下为建筑提供一定程度的保护。

随着人们环保意识的增强，幕墙系统也在逐步实现绿色、环保的设计和施工。通过采用环保型材料和节能技术，幕墙系统可以降低建筑对环境的影响，实现建筑与自然的和谐共生。同时，幕墙系统的可拆卸、可回收性也为其在未来建筑更新改造中提供了便利。

幕墙系统的结构形式和设计理念具有较大的灵活性，可以根据建筑的需求进行定制和调整。无论是高层建筑还是低层建筑，无论是商业建筑还是住宅建筑，都可以找到适合的幕墙系统方案。此外，幕墙系统的面板材料和颜色也可以根据设计需求进行选择和搭配，实现个性化的立面效果。

三、幕墙系统的发展趋势

随着科技的不断进步和人们对建筑美学、环保节能等方面的追求，幕墙系统作为现代建筑的重要组成部分，正呈现出多元化、智能化、绿色化等发展趋势。

（一）技术创新引领幕墙系统发展

随着科技的飞速发展，幕墙系统在技术创新方面取得了显著进展。一方面，智能型幕墙系统的研发与应用日益普及。这类幕墙系统通过集成传感器、控制器和执行器等智能设备，能够实时监测环境变化，并自动调节室内环境参数，如温度、湿度和光线等，从而提高了建筑的舒适性和能效水平。另一方面，预制装配式施工技术的广泛应用也推动了幕墙系统的技术创新。通过采用预制构件和标准化设计，预制装配式幕墙系统能够实现快速安装和高效施工，大大提高了施工效率和质量。

（二）新型材料研发拓展幕墙系统应用范围

材料是幕墙系统的核心组成部分，新型材料的研发与应用为幕墙系统的发展提供了技术支撑。一方面，高性能玻璃、自洁玻璃等新型玻璃材料的出现，使得幕墙系统在透光性、隔热性、自清洁等方面取得了显著提升。这些材料不仅提高了幕墙系统的功能性，还丰富了其视觉表现。另一方面，金属复合板、陶瓷板等新型金属和非金属材料的研发，也为幕墙系统提供了更多的选择。这些材料具有优异的耐候性、抗腐蚀性和装饰性，能够满足不同建筑风格和设计需求。

（三）设计理念创新推动幕墙系统的个性化发展

随着人们对建筑美学的追求不断提高，幕墙系统的设计理念也在不断创新。一方面，个性化、定制化的设计成为幕墙系统的重要发展方向。设计师通过深入挖掘建筑的文化内涵和地域特色，将幕墙系统与建筑整体风格、地域文化相融合，创造出独具特色的立面效果。另一方面，参数化设计、BIM 技术等先进设计手段的应用，也为幕墙系统的个性化设计提供了有力支持。这些技术能够实现复杂形状和结构的精确设计，提高了设计的灵活性和精准度。

（四）节能环保成为幕墙系统发展的重要方向

随着全球气候变化和能源危机的加剧，节能环保已经成为建筑领域的重要议题。幕墙系统作为建筑的外围护结构，其节能性能对于降低建筑能耗具有重要意义。一方面，节能型幕墙系统的研发与应用日益受到重视。这类幕墙系统通过采用高效保温材料、节能玻璃等节能技术，实现了对建筑能耗的有效控制。另一方面，可再生能源的利用也成为幕墙系统节能的重要手段。例如，光伏幕墙通过将太阳能转化为电能，不仅降低了建筑能耗，还实现了能源的可持续利用。

（五）绿色可持续理念贯穿幕墙系统全生命周期

在可持续发展理念的推动下，幕墙系统的绿色化、可持续化发展趋势日益明显。从原材料的选择到生产过程的控制，再到废旧材料的回收与利用，绿色可持续理念贯穿幕墙系统的全生命周期。一方面，环保型原材料的采用能够减少对环境的影响；另一方面，通过优化生产工艺和提高生产效率，降低生产过程中的能耗和排放。同时，废旧幕墙材料的回收与利用，也实现了资源的循环利用。

（六）智能化管理提升幕墙系统运维效率

随着物联网、大数据等技术的快速发展，幕墙系统的智能化管理成为可能。通过集成传感器和监控设备，可以实时监测幕墙系统的运行状态和环境参数，并通过数据分析和预警系统及时发现潜在问题。这种智能化管理方式不仅提高了幕墙系统的运维效率，还降低了维护成本。同时，智能化管理还能够根据实际需求自动调节幕墙系统的运行参数，提高建筑的舒适性和能效水平。

四、幕墙系统与建筑设计的关联性分析

幕墙系统作为现代建筑的重要组成部分，与建筑设计之间存在着密切的关联性。建筑设计作为整个建筑项目的起点和灵魂，为幕墙系统的选择和运用提供了方向和框架；而幕墙系统作为建筑设计的重要实现手段，其多样化的形式和特点为建筑提供了丰富的立面表现。

（一）设计理念的一致性

建筑设计理念是建筑创作的核心，它体现了建筑师对建筑功能和形式的理解和追求。幕墙系统作为建筑设计的重要组成部分，必须与设计理念保持一致，才能实现整体效果的和谐统一。例如，在追求简约、现代的建筑设计理念下，幕墙系统通常采用简洁的线条和透明的玻璃材料，以营造出现代感和通透感；而在强调文化、历史的建筑设计理念下，幕墙系统则可能采用具有地域特色和文化内涵的面板材料和设计形式，以突出建筑的文化价值。

（二）造型表达的互动性

幕墙系统作为建筑的立面表现，与建筑造型之间存在着紧密的互动性。建筑设计通过立面造型来传达建筑的功能、风格和特色；而幕墙系统则通过其独特的面板材料和构造形式，实现对建筑造型的呼应和补充。例如，在曲线造型的建筑中，幕墙系统可以采用弯曲的玻璃或金属板，以顺应建筑的曲线变化，呈现出流

畅、动感的效果；而在具有层次感和立体感的建筑造型中，幕墙系统则可以通过不同材质和颜色的搭配，增强建筑的立体感和视觉冲击力。

（三）功能需求的匹配性

建筑设计在规划阶段就需要考虑建筑的功能需求，包括使用功能、安全功能、舒适功能等。幕墙系统作为建筑的外围护结构，其设计也需要与建筑的功能需求相匹配。例如，在商业建筑的设计中，幕墙系统需要具备良好的通透性和展示性，以便吸引顾客和展示商品；而在医院等公共场所的设计中，幕墙系统则需要注重其抗菌、防污染等特殊功能，以保障人们的健康和安全。此外，随着科技的发展，现代建筑对于智能化、绿色化的需求也日益增长，幕墙系统也需要不断创新和完善，以满足这些新的功能需求。

（四）环保节能的协同性

在现代建筑设计中，环保节能已经成为重要的考量因素。幕墙系统作为建筑的外围护结构，其节能性对整个建筑的能耗水平具有重要影响。因此，在建筑设计过程中，需要充分考虑幕墙系统的节能性能和环保特性，通过合理的材料选择、构造设计和热工计算，实现建筑的低能耗和高效能。同时，随着可再生能源的利用和绿色建材的研发，幕墙系统也可以与建筑设计相结合，实现建筑的可再生能源利用和环保性能提升。

（五）文化与艺术的融合性

建筑设计不仅是对物理空间的规划和构建，更是对文化和艺术的传承与表达。幕墙系统作为建筑设计的重要组成部分，也承载着丰富的文化和艺术内涵。在设计过程中，建筑师可以通过幕墙系统的材质、色彩、造型等元素，融入地域文化、历史传统或艺术风格，使建筑成为城市文化的重要组成部分。同时，幕墙系统的创新设计和精湛工艺，也为现代建筑带来了更多的艺术魅力。

（六）经济与技术的支撑性

幕墙系统的选择和应用还受到经济和技术条件的制约。建筑设计在考虑幕墙系统时，需要充分评估项目的预算和技术可行性，确保幕墙系统的实施既符合设计要求，又满足经济性和技术性的要求。随着科技的不断进步和新型材料的研发，幕墙系统的技术水平和经济性也在不断提高，为建筑设计提供了更多的选择和可能性。

第二节 幕墙系统的基本构成与功能

一、幕墙系统的基本构成部件

幕墙系统，作为现代建筑的重要组成部分，以其独特的装饰效果和良好的功能性，为建筑物提供了丰富的立面表现。其构成部件的多样性和复杂性，使得幕墙系统能够满足不同建筑风格和功能需求。

（一）面板材料

面板材料是幕墙系统中最直观的构成部件，它决定了幕墙的外观效果和基本性能。常见的面板材料包括玻璃、金属板、石板、陶瓷板等。

玻璃面板因其透明、通透的特性，被广泛地用于商业建筑和公共建筑。它不仅可以提供良好的采光效果，还能展示建筑内部的空间布局。金属板则以其坚固、耐用的特点，常用于高层建筑和工业建筑。石板和陶瓷板则以其独特的纹理和色彩，为建筑增添了丰富的视觉效果。

这些面板材料的选择，需要根据建筑的设计风格、功能需求以及使用环境等因素进行综合考虑。

（二）支承结构

支承结构是幕墙系统的骨架，它承受着面板材料的重量以及风压、地震等外部荷载。支承结构通常由横梁、立柱和连接件等部件组成。

横梁和立柱一般采用铝合金、钢材等金属材料制成，它们通过连接件与建筑主体结构相连，形成一个稳定的框架体系。连接件则包括螺栓、角码、转接件等，它们负责将面板材料与支承结构紧密连接在一起，确保幕墙系统的整体稳定性。

支承结构的设计和施工需要遵循严格的规范和标准，以确保其承载能力和安全性。

（三）密封材料

密封材料在幕墙系统中起着至关重要的作用，它们负责防止水、空气等外部因素渗入幕墙内部，保证建筑的围护性能和舒适度。

常见的密封材料包括密封膏、密封带、压缩密封件等。这些材料一般具有良好的弹性和耐候性，能够长期保持其密封性能。在施工过程中，密封材料被应用于面板与面板之间、面板与支承结构之间以及幕墙与建筑主体结构之间的缝隙处，确保幕墙系统的整体密封性。

（四）辅助材料

除了上述主要构成部件外，幕墙系统还需要一些辅助材料来完善其功能性和装饰性。这些辅助材料包括后衬板、扣盖件、窗台、楼地面、踢脚、顶棚等构部件，它们主要起到密闭、装修、防护等作用。

此外，还有一些特殊的辅助材料，如防火材料、保温材料等，用于提高幕墙系统的安全性和节能性能。这些辅助材料的选择和应用，需要根据具体的建筑需求和规范标准。

（五）部件间的相互关系

幕墙系统的各个构成部件之间不是孤立的，它们之间存在着紧密的联系和相互作用。面板材料与支承结构通过连接件紧密连接在一起，形成一个整体；密封材料则填充在部件之间的缝隙处，防止外部因素的侵入；辅助材料则进一步完善了幕墙系统的功能和突出其装饰效果。

这些部件之间的相互关系，使得幕墙系统能够成为一个有机的整体，发挥出其应有的功能和作用。

（六）设计与施工要点

在设计和施工过程中，需要充分考虑幕墙系统各构成部件的特点和要求。面板材料的选择需要考虑其物理性能、视觉效果以及与建筑风格的协调性；支承结构的设计需要满足强度和刚度的要求，确保其承载能力和稳定性；密封材料的选择和应用需要确保其良好的密封性能和使用寿命；辅助材料的选用也需要遵循相应的规范和标准。

此外，在施工过程中，还需要注意各部件之间的安装顺序和连接方式，确保施工质量和进度。

二、幕墙系统的功能及其实现方式

幕墙系统作为现代建筑的重要组成部分，具有多重功能，包括遮阳、保温隔热、通风换气、防水防潮、装饰美化等。这些功能的实现不仅关系着建筑物的使用性能和舒适度，还直接影响着建筑物的能耗水平和外观形象。

（一）遮阳功能及其实现方式

遮阳功能是幕墙系统的重要功能之一，它能够有效减少太阳辐射热对室内环境的影响，提高室内舒适度。实现遮阳功能的方式主要有以下几种：

遮阳板设计：通过在幕墙外侧设置遮阳板，遮挡直射阳光，减少太阳辐射热。遮阳板可以采用固定式或可调式，根据太阳高度角和方位角的变化进行调节，以达到最佳的遮阳效果。

遮阳百叶设计：利用百叶窗的原理，通过调节百叶的角度和密度，实现遮阳和通风的双重功能。这种设计方式不仅美观大方，而且能够根据实际需要灵活调节。

玻璃遮阳涂层：在玻璃表面涂覆遮阳涂层，能够反射和吸收部分太阳辐射热，降低玻璃的透射率，从而达到遮阳的目的。

（二）保温隔热功能及其实现方式

保温隔热功能是幕墙系统的另一重要功能，它对于提高建筑物的节能性能具有重要意义。实现保温隔热功能的方式主要有以下几种：

双层中空玻璃设计：通过采用双层中空玻璃，在玻璃之间形成空气层，减少热传导，提高保温隔热性能。同时，中空玻璃还可以填充惰性气体，进一步提高保温效果。

保温材料应用：在幕墙内部填充保温材料，如岩棉、聚苯乙烯等，减少热量在墙体中的传递，提高墙体的保温性能。

热桥处理：针对幕墙系统中的热桥部位，如金属连接件、横梁立柱等，采取保温措施，如包裹保温材料，减少热量传递，提高整体保温效果。

（三）通风换气功能及其实现方式

通风换气功能是幕墙系统保持室内空气质量的关键，实现通风换气功能的方式主要有以下几种：

开启扇设计：在幕墙系统中设置可开启的窗扇或门扇，通过自然通风或机械通风的方式，实现室内外的空气交换。

通风口设计：在幕墙的适当位置设置通风口，利用空气对流原理，实现室内外的空气流通。通风口可以设置可调节的百叶或格栅，根据实际需要调节通风量。

智能化通风系统：结合现代科技手段，设计智能化通风系统，通过传感器监测室内空气质量，自动调节通风量，保持室内空气的清新和舒适。

（四）防水防潮功能及其实现方式

防水防潮功能是幕墙系统确保建筑物安全使用的重要保障，实现防水防潮功能的方式主要有以下几种：

密封设计：在幕墙系统的各个接缝和缝隙处，采用高质量的密封材料和密封工艺，确保幕墙系统的密封性，防止水分渗入。

排水设计：在幕墙系统的底部和侧面设置排水口和排水槽，将渗入幕墙内部的水分及时排出，避免水分在幕墙内部积聚。

材料选择：选用具有防水、防潮性能的材料，如防水涂料、防潮板材等，提高幕墙系统的防水、防潮能力。

（五）装饰美化功能及其实现方式

装饰美化功能是幕墙系统提升建筑物外观形象的重要手段，实现装饰美化功能的方式主要有以下几种：

色彩与材质搭配：通过合理选择幕墙材料的色彩和材质，使幕墙与建筑物的整体风格相协调，营造出美观大方的外观效果。

造型与细节设计：在幕墙系统的设计中，注重造型和细节的处理，通过独特的线条、图案和造型元素，提升幕墙的艺术性和观赏性。

灯光与照明设计：结合灯光和照明设计，利用幕墙的透明性和反射性，呈现出丰富的光影效果，提升建筑物的夜间形象和氛围。

三、幕墙系统的节能与环保性能

随着现代建筑的快速发展，幕墙系统作为建筑外围护结构的重要组成部分，其节能与环保性能日益受到关注。幕墙系统不仅关乎建筑的美观与舒适度，更直接关系着建筑的能耗水平和环境影响。因此，研究和提升幕墙系统的节能与环保性能，对于推动绿色建筑的发展具有重要意义。

（一）幕墙系统的节能性能

节能是幕墙系统设计的核心目标之一。通过采用先进的节能技术和材料，幕墙系统能够有效地降低建筑物的能耗，提高能源利用效率。

首先，合理的遮阳设计是幕墙系统节能的关键。遮阳设施能够有效地阻挡太阳辐射热，减少室内热量的积聚，从而降低空调系统的负荷。例如，采用可调节的遮阳百叶或遮阳板，可以根据季节和天气变化灵活调节遮阳效果，实现最佳的遮阳节能效果。

其次，保温隔热性能的提升也是幕墙系统节能的重要手段。通过采用双层中空玻璃、保温材料填充等措施，幕墙系统能够减少热量在墙体中的传递，保持室内温度的稳定。同时，对热桥部位进行特殊处理，如包裹保温材料，可以进一步减少热量损失，提高整体保温效果。

此外，幕墙系统的通风换气功能也有助于节能。通过合理设计开启扇和通风口，利用自然通风或机械通风的方式，可以实现室内外的空气交换，减少空调系统的运行时间，降低能耗。

（二）幕墙系统的环保性能

环保是幕墙系统设计的另一重要方面。采用环保材料和绿色设计理念，幕墙系统能够减小对环境的影响，促进可持续发展。

首先，选用可再生材料和可回收材料是幕墙系统环保的关键。例如，使用可再生木材、竹材等作为幕墙的装饰面板，不仅美观大方，而且能够减少对不可再生资源的消耗。同时，选择可回收的金属材料、玻璃等，可以在建筑拆除或改造时进行回收利用，降低废弃物对环境的影响。

其次，绿色设计理念的应用也是幕墙系统环保的重要体现。通过优化幕墙的结构设计、减少材料浪费、提高材料利用率等措施，可以降低幕墙系统的资源消耗和环境污染。此外，结合绿色建筑评价体系，对幕墙系统进行综合评价和优化，可以进一步提高其环保性能。

（三）节能与环保技术的创新应用

随着科技的进步，越来越多的节能与环保技术被应用于幕墙系统设计中。这些技术的应用不仅提高了幕墙系统的性能，也为其未来发展提供了更多的可能性。

例如，智能化控制技术的应用可以实现幕墙系统的自动调节和智能管理。通过安装传感器和控制系统，可以实时监测室内外的环境参数，如温度、湿度、光照等，并根据实际情况自动调节遮阳设施、通风口等部件的开启程度和运行状态，实现最佳的节能效果。

另外，新型节能材料的研究和应用也为幕墙系统的节能与环保性能提供了有力支持。如研发具有更高保温隔热性能的新型玻璃、保温材料等，可以进一步增强幕墙系统的节能效果。同时，探索环保型涂料、密封材料等的使用，也可以降低幕墙系统对环境的影响。

（四）幕墙系统节能与环保性能的综合评价

对幕墙系统的节能与环保性能进行综合评价，有助于全面了解其性能水平，并为改进和优化提供依据。综合评价可以从以下几个方面进行：

首先，对幕墙系统的能耗进行定量分析。通过测量和计算幕墙系统的传热系数、遮阳系数等指标，可以评估其保温隔热性能和遮阳效果。同时，结合建筑物的实际能耗数据，可以分析幕墙系统对整体能耗的贡献程度。

其次，对幕墙系统的环境影响进行评估。通过考察幕墙系统在生产、安装、使用及拆除等全生命周期内对环境的影响，如资源消耗、污染物排放等，可以评估其环保性能。此外，还可以结合绿色建筑评价体系，对幕墙系统的环保性能进行综合评价。

最后，根据综合评价结果，提出具有针对性的改进和优化措施。针对能耗较高或环境影响较大的环节，可以通过改进材料选择、优化结构设计、加强维护保养等措施，提高幕墙系统的节能与环保性能。

四、幕墙系统的防火与防雷性能

在现代建筑设计中，幕墙系统作为建筑外围护结构的重要组成部分，不仅具有装饰美化、节能保温等功能，其防火与防雷性能也是确保建筑安全的关键要素。

（一）幕墙系统的防火性能

防火性能是幕墙系统设计中必须考虑的重要方面。在火灾发生时，幕墙系统应能够有效地阻止火势的蔓延，为人员疏散和灭火救援提供宝贵时间。

首先，材料选择是确保幕墙系统防火性能的基础。在幕墙材料的选择上，应优先使用不燃或难燃材料，如石材、陶瓷板等。对于必须使用可燃材料的部位，应采取防火处理措施，如涂刷防火涂料、设置防火隔离层等，以提高材料的耐火极限。

其次，防火构造设计是幕墙系统防火性能的关键。幕墙系统的防火构造设计应遵循国家相关标准和规范，确保在火灾发生时能够形成有效的防火分隔。例如，在幕墙与楼层之间的空隙处，应设置防火封堵材料，防止火势通过空隙蔓延；在幕墙与主体结构之间，应设置防火隔离带，以阻止火势向主体结构蔓延。

此外，防火设施的配置也是提高幕墙系统防火性能的重要手段。在幕墙系统中设置自动喷水灭火系统、火灾自动报警系统等消防设施，能够在火灾初期及时发现并控制火势，降低火灾损失。

（二）幕墙系统的防雷性能

防雷性能是幕墙系统设计中不可忽视的重要方面。在雷电天气条件下，幕墙系统应能够有效地防止雷电对建筑的损害，确保建筑及人员的安全。

首先，幕墙系统的防雷设计应遵循国家相关防雷标准和规范。在幕墙设计中，应充分考虑建筑所在地的雷电活动规律、建筑高度、周围环境等因素，制定合理的防雷方案。例如，在幕墙顶部设置避雷带或避雷网，以接闪雷电；在幕墙与主体结构之间设置等电位连接，以消除电位差，防止雷电反击。

其次，材料选择对于幕墙系统的防雷性能同样重要。在幕墙材料的选择上，应优先使用具有良好导电性能的材料，如金属板材、铝合金型材等。这些材料能够有效地将雷电引入地下，保护建筑免受雷电损害。

此外，幕墙系统的接地设计也是防雷性能的关键。接地系统是将雷电引入地下的重要途径，其设计应合理、可靠。在幕墙系统的接地设计中，应确保接地电阻符合要求，接地线路连接牢固可靠，以确保雷电能够顺利被引入地下。

（三）防火与防雷性能的协同设计

在实际工程中，防火与防雷性能的协同设计是确保幕墙系统安全性的重要环节。一方面，防火设计应考虑到雷电对幕墙系统的潜在影响，确保在雷电天气条件下，幕墙系统的防火性能不受影响。另一方面，防雷设计也应充分考虑到火灾对幕墙系统的破坏作用，确保在火灾发生时，幕墙系统的防雷设施能够正常发挥作用。

为了实现防火与防雷性能的协同设计，设计师需要在设计阶段充分沟通和协调，确保两种性能的设计要求得到充分考虑和满足。同时，在施工过程中，施工单位应严格按照设计要求进行施工，确保防火与防雷设施的安装质量符合相关标准和规范。

（四）幕墙系统防火与防雷性能的维护与管理

除了设计和施工阶段的控制措施外，幕墙系统防火与防雷性能的维护与管理也是确保其长期有效的重要环节。定期对幕墙系统进行防火与防雷性能的检测和评估，及时发现并处理潜在的安全隐患，这是确保幕墙系统安全性的重要措施。同时，加强对幕墙系统的日常巡查和维护，确保其处于良好的工作状态，也是保障建筑安全的重要手段。

第三节　幕墙系统在建筑中的应用

一、幕墙系统在高层建筑中的应用

随着城市化进程的加速和建筑技术的不断进步，高层建筑在现代城市中扮演着越来越重要的角色。作为高层建筑外围护结构的重要组成部分，幕墙系统不仅具有美观大方的外观，还在节能、环保、防火、防雷等方面发挥着关键作用。

（一）幕墙系统在高层建筑中的设计原则

在高层建筑中，幕墙系统的设计应遵循一系列原则，以确保其安全性、实用性和美观性。首先，幕墙系统应满足结构安全性的要求，能够承受风荷载、地震力等外部作用。其次，幕墙系统应具备良好的保温、隔热、隔音等性能，以提高建筑的舒适性和节能性。此外，防火、防雷等安全性能也是幕墙系统设计时必须考虑的重要因素。最后，幕墙系统的外观设计应与建筑整体风格相协调，展现出高层建筑独特的魅力。

（二）幕墙系统在高层建筑中的材料选择

在高层建筑中，幕墙系统材料的选择直接关系着其性能和使用寿命。常用的幕墙材料包括玻璃、金属、石材等。玻璃幕墙因其透明、美观的特点，在高层建筑中得到了广泛应用。金属幕墙则以其良好的耐久性和可塑性受到青睐。石材幕墙则以其天然质感和高档气质为高层建筑增添了独特的魅力。在选择幕墙材料时，应充分考虑材料的性能、价格、施工难度等因素，以确保幕墙系统的整体性能达到最佳状态。

（三）幕墙系统在高层建筑中的节能与环保应用

节能与环保是现代建筑设计的核心理念之一。在高层建筑中，幕墙系统作为外围护结构的重要组成部分，其节能与环保性能至关重要。为了降低能耗和减少环境污染，幕墙系统在设计时应充分考虑节能措施。例如，采用中空玻璃、低辐射玻璃等节能型玻璃材料，提高幕墙的保温隔热性能；利用遮阳设施减少太阳辐射热对室内环境的影响；通过合理的通风设计实现自然通风，降低空调能耗等。此外，幕墙系统在施工和使用过程中也应注重环保，选择环保型材料、减少废弃物排放、加强回收利用等，以实现节能环保的目标。

（四）幕墙系统在高层建筑中的防火与防雷应用

防火与防雷是高层建筑幕墙系统设计的重要方面。在防火方面，幕墙系统应采用不燃或难燃材料，并设置有效的防火隔离带和防火设施，以防止火情的蔓延。同时，幕墙系统的构造设计也应考虑防火性能，确保在火灾发生时能够形成有效的防火分隔。在防雷方面，幕墙系统应设置避雷带、避雷网等防雷设施，将雷电引入地下，保护建筑免受雷电损害。此外，幕墙系统的接地设计也应符合相关标准和规范，确保接地电阻符合要求，接地线路连接牢固可靠。

（五）幕墙系统在高层建筑中的施工与安装

幕墙系统在高层建筑的施工与安装过程中，需要严格遵守相关规范和标准，确保施工质量和安全。首先，施工前应对幕墙材料进行严格检查，确保其符合设计要求和质量标准。其次，施工过程中应注重安全措施的落实，如设置安全网、佩戴安全帽等，防止高空坠落等安全事故的发生。此外，施工队伍应具备专业的技能和经验，确保幕墙系统的安装精度和稳定性。在安装完成后，还应执行严格的验收和检测程序，确保幕墙系统的各项性能指标达到设计要求。

（六）幕墙系统在高层建筑中的维护与保养

幕墙系统在高层建筑中的长期稳定运行离不开定期的维护与保养。首先，应定期对幕墙进行清洁，保持其外观的整洁和美观。其次，对幕墙的密封性能、保温性能等进行定期检查，发现问题及时维修处理。此外，对于防火、防雷等安全设施也应进行定期检查和维护，确保其处于良好的工作状态。通过定期的维护与保养，可以延长幕墙系统的使用寿命，提高其安全性和稳定性。

二、幕墙系统在商业建筑中的应用

商业建筑作为城市发展的重要组成部分,其外观设计和功能性要求往往较高。幕墙系统作为商业建筑外围护结构的关键元素,不仅提供了多样化的设计选择,还增强了建筑的实用性和舒适性。

(一)幕墙系统在商业建筑设计中的应用

在商业建筑设计中,幕墙系统以其独特的外观和灵活性成为设计师的优选。幕墙系统可以根据设计师的创意需求,实现各种复杂的立面造型,从而赋予商业建筑独特的视觉效果。同时,幕墙系统还可以与商业建筑的内部空间布局相结合,创造出开放、通透的空间环境,提升建筑的商业价值。

在商业建筑的外立面设计中,幕墙系统可以采用玻璃、金属、石材等多种材料,实现不同的视觉效果和质感。例如,玻璃幕墙可以营造出轻盈、现代的氛围,金属幕墙则能展现出时尚、高雅的气质,石材幕墙则赋予建筑稳重、大气的感觉。通过不同材料的组合和搭配,幕墙系统能够创造出丰富多样的商业建筑外观,满足不同项目的个性化需求。

(二)幕墙系统在商业建筑中的材料选择

在选择幕墙材料时,需要考虑材料的强度、耐久性、防火性能、耐候性等因素。同时,还需关注材料的环保性能和可回收性,以满足现代商业建筑对绿色、环保的要求。

(三)幕墙系统在商业建筑中的功能性应用

商业建筑不仅需要美观大方的外观,还需要满足多种功能性需求。幕墙系统在这方面具有显著优势,可以通过其独特的设计和构造实现多种功能。

首先,幕墙系统具有良好的通风性能。在商业建筑中,通风对于室内空气质量和人员舒适度至关重要。幕墙系统可以通过合理的设计,实现自然通风,降低空调能耗,提高室内环境的舒适度。

其次,幕墙系统还具备优异的遮阳性能。在商业建筑的立面设计中,遮阳设施对于防止太阳辐射热和紫外线的影响具有重要意义。幕墙系统可以通过设置遮阳板、百叶窗等遮阳设施,有效减小太阳辐射热对室内环境的影响,降低室内温度,提高能源利用效率。

此外,幕墙系统还可以与智能化技术相结合,实现商业建筑的智能化管理。

例如，通过安装智能传感器和控制系统，可以实时监测幕墙系统的运行状态，自动调节室内温度和湿度，提高商业建筑的能效水平。

（四）幕墙系统在商业建筑中的节能环保应用

随着全球对环保意识的提高，商业建筑在设计和建造过程中也越来越注重节能环保。幕墙系统在这方面发挥着重要作用。

首先，幕墙系统可以采用节能型材料，如中空玻璃、低辐射玻璃等，提高建筑的保温隔热性能，减少能源消耗。同时，通过合理的通风和遮阳设计，可以降低空调和照明系统的能耗，进一步提高商业建筑的能效水平。

其次，幕墙系统还可以利用可再生能源，如太阳能、风能等，为商业建筑提供绿色能源。例如，可以设置太阳能光伏板与幕墙系统相结合，将太阳能转化为电能供建筑使用，降低对传统能源的依赖。

此外，幕墙系统在商业建筑中的使用也有助于减少建筑废弃物的产生。由于幕墙系统采用模块化设计，拆卸和更换方便，减少了建筑废弃物的数量。同时，部分幕墙材料可以回收再利用，降低了对自然资源的消耗。

（五）幕墙系统在商业建筑中的挑战与应对策略

尽管幕墙系统在商业建筑中具有诸多优势，但在实际应用中也面临着一些挑战。例如，幕墙系统的安装和维护成本相对较高，需要专业的施工队伍和定期的检查维修。此外，不同材料的幕墙系统在性能和价格方面存在差异，需要根据项目需求进行合理选择。

为了应对这些挑战，可以采取以下策略：首先，加强幕墙系统的技术研发和创新，提高材料性能和施工效率，降低成本。其次，建立完善的幕墙系统维护和管理制度，确保系统的长期稳定运行。同时，加强行业规范和标准的制定和执行，提高幕墙系统的安全性和可靠性。

三、幕墙系统在公共建筑中的应用

公共建筑作为城市空间的重要组成部分，不仅承载着重要的社会功能，同时也是展示城市形象和文化内涵的重要窗口。幕墙系统以其独特的优势，在公共建筑的设计、施工中得到了广泛应用。

（一）幕墙系统在公共建筑中的应用特点

公共建筑通常具有体型庞大、功能复杂、造型独特等特点，这些特点对幕墙系统的应用提出了更高要求。幕墙系统通过灵活的构造设计和多样化的材料选择，能够很好地适应公共建筑的特殊需求。首先，幕墙系统能够实现公共建筑外观的个性化设计，通过不同的材料和构造方式，创造出丰富多样的立面效果，满足公共建筑对独特外观的要求。其次，幕墙系统具有优异的性能表现，能够抵御风雨、雷电等自然力的侵蚀，保证公共建筑的安全性和耐久性。此外，幕墙系统还具有施工便捷、维护方便等优势，能够缩短工期、降低成本，提高公共建筑的经济效益和社会效益。

（二）幕墙系统在公共建筑中的材料选择

公共建筑幕墙系统的材料选择至关重要，它不仅关系着建筑外观的美观性，还影响着建筑的安全性、耐久性和环保性能。常见的幕墙材料包括玻璃、金属、石材等。玻璃幕墙因其透明度高、视觉效果好的特点，在公共建筑中得到了广泛应用。金属幕墙则以其强度高、可塑性好、耐腐蚀等特点，适用于大型公共建筑的立面装饰。石材幕墙则以其天然质感、高贵典雅的风格，为公共建筑增添了独特的魅力。在选择幕墙材料时，需综合考虑材料的性能、价格、施工难度等因素，以确保幕墙系统的整体性能达到最佳状态。

（三）幕墙系统在公共建筑中的功能性实现

公共建筑对幕墙系统的功能性要求较高，包括保温隔热、遮阳通风、防火防雷等方面。幕墙系统通过采用先进的构造技术和材料，能够满足这些功能性需求。在保温隔热方面，幕墙系统可以采用中空玻璃、保温材料等，有效减少热量的传递，提高建筑的保温性能。在遮阳通风方面，幕墙系统可以设置遮阳板、百叶窗等遮阳设施，同时结合建筑的自然通风设计，实现良好的室内环境。在防火防雷方面，幕墙系统需采用不燃或难燃材料，并设置有效的防雷设施，确保建筑的安全性能。

此外，幕墙系统还可以通过智能化技术的应用，实现公共建筑的智能化管理。例如，通过安装智能传感器和控制系统，可以实时监测幕墙系统的运行状态，自动调节室内温度和湿度，提高建筑的能效水平。同时，智能化系统还可以实现幕墙系统的远程控制和维护，提高管理效率。

（四）幕墙系统在公共建筑中的节能环保应用

随着全球对环保意识的提高，公共建筑在设计和建造过程中越来越注重节能环保。幕墙系统在这方面发挥着重要作用。首先，幕墙系统可以采用节能型材料和技术，如低辐射玻璃、节能型保温材料等，提高建筑的保温隔热性能，减少能源消耗。其次，通过合理的遮阳设计和通风设计，可以减少太阳辐射热和空调能耗，进一步提高公共建筑的能效水平。此外，幕墙系统还可以与可再生能源利用相结合，如太阳能光伏板与幕墙系统的结合应用，实现太阳能的收集和利用，降低对传统能源的依赖。

在公共建筑的节能环保应用中，幕墙系统还需考虑其生命周期的环境影响。这包括材料的选择、生产、运输、施工、使用以及最终的回收利用等环节。选择环保性能优良的材料，优化施工工艺，减少废弃物排放，提高材料的回收利用率，都是实现幕墙系统节能环保的重要途径。

（五）幕墙系统在公共建筑中的创新与发展趋势

随着科技的进步和人们对建筑美学的追求，幕墙系统在公共建筑中的应用也在不断创新和发展。未来，幕墙系统将更加注重个性化设计，通过新材料、新技术的应用，实现更加独特、美观的建筑外观设计。同时，幕墙系统还将更加注重环保性能和智能化管理，实现建筑与环境的和谐共生，提高建筑的使用效率和舒适度。

此外，随着绿色建筑理念的深入人心，幕墙系统也将在公共建筑中扮演更加重要的角色。通过采用可再生材料、优化节能设计、提高施工效率等措施，幕墙系统将为实现公共建筑的绿色化、可持续化做出更大贡献。

四、幕墙系统在特殊建筑中的应用

特殊建筑，如体育场馆、会展中心、博物馆等，因其独特的建筑形态、复杂的功能需求和严苛的使用环境，对外围护结构的要求尤为严格。幕墙系统以其高度的灵活性、卓越的性能和多样化的设计选择，在特殊建筑领域得到了广泛应用。

（一）幕墙系统在特殊建筑设计中的应用特点

特殊建筑通常具有独特的外观造型和复杂的立面结构，这就要求幕墙系统具备高度的适应性和创新性。设计师可以根据特殊建筑的特点和需求，定制个性化的幕墙方案，实现建筑外观的个性化表达。同时，幕墙系统还可以与特殊建筑的内部空间布局和功能需求相结合，创造出开放、通透、舒适的空间环境。

在特殊建筑的设计中，幕墙系统还需要考虑其结构安全性和稳定性。由于特殊建筑往往体量庞大、高度较高，对幕墙系统的承重、抗风、抗震等性能就提出了更高要求。因此，在幕墙系统的设计和施工中，需要采用先进的结构技术和材料，确保幕墙系统的安全性和稳定性。

（二）幕墙系统在特殊建筑中的材料选择

特殊建筑对幕墙材料的性能要求更为严格，需要综合考虑材料的强度、耐久性、防火性能、耐候性等多方面因素。常见的幕墙材料包括玻璃、金属、石材等，但在特殊建筑中，这些材料往往需要经过特殊处理或采用特殊规格，以满足建筑的特殊要求。

例如，在体育场馆等需要大面积采光的建筑中，可以采用高透光的超白玻璃或低反射玻璃，以减小眩光和热辐射的影响。在会展中心等需要展示效果的建筑中，可以采用彩色镀膜玻璃或印刷玻璃，以增强建筑的视觉效果。此外，金属幕墙和石材幕墙也可以根据特殊建筑的需求进行定制化处理，实现个性化的外观效果。

（三）幕墙系统在特殊建筑中的功能性实现

特殊建筑的功能性需求多种多样，如采光、通风、遮阳、隔热等。幕墙系统通过合理的构造设计和材料选择，可以实现这些功能性需求。

在采光方面，幕墙系统可以采用透光性能好的玻璃材料，结合合理的开窗设计，确保室内充足的自然光线。在通风方面，幕墙系统可以设置可开启的窗扇或通风口，实现室内外空气的流通。在遮阳方面，可以设置遮阳板、百叶窗等遮阳设施，有效减少太阳辐射热对室内环境的影响。在隔热方面，可以采用中空玻璃、保温材料等，提高建筑的保温性能。

此外，对于一些特殊建筑，如博物馆等需要严格控制室内温度和湿度的场所，幕墙系统还可以结合智能化技术，实现室内环境的精准调控。例如，通过设置传感器和控制系统，实时监测室内温度、湿度等参数，自动调节幕墙系统的开启程度和通风量，确保室内环境的稳定性和舒适性。

（四）幕墙系统在特殊建筑中的挑战与应对策略

尽管幕墙系统在特殊建筑中具有广泛的应用前景，但在实际应用中也面临着一些挑战。首先，特殊建筑对幕墙系统的性能要求更为严格，需要满足更高的安全标准和耐久性要求。这要求在设计和施工中，必须充分考虑建筑的特点和需求，采用先进的结构技术和材料。其次，特殊建筑的立面结构往往复杂多变，给幕墙系统的安装和维护带来一定难度。因此，需要制订详细的施工方案和维护计划，确保幕墙系统的顺利安装和长期稳定运行。

为了应对这些挑战，可以采取以下策略：首先，加强幕墙系统的研发和创新，推动新材料、新技术在特殊建筑中的应用。其次，提高设计和施工水平，确保幕墙系统的安全性和稳定性。同时，加强后期维护和管理，定期检查幕墙系统的运行状态，及时处理潜在问题。此外，还可以加强行业交流和合作，共同推动幕墙系统在特殊建筑中的发展。

（五）幕墙系统在特殊建筑中的发展趋势

随着科技的进步和人们对建筑美学的追求，幕墙系统在特殊建筑中的应用将呈现以下发展趋势：

首先，个性化设计将更加突出。随着建筑设计理念的不断创新，特殊建筑的外观造型将更加独特多样，对幕墙系统的个性化设计要求也将越来越高。未来，幕墙系统将更加注重与建筑设计的融合，实现更加独特、美观的建筑外观。

其次，智能化技术将得到广泛应用。随着物联网、大数据等技术的快速发展，幕墙系统将与智能化技术相结合，更加智能、便捷的管理和维护得以实现。例如，通过安装传感器和控制系统，可以实时监测幕墙系统的运行状态，实现远程控制和自动调节等功能。

最后，环保节能将成为重要的发展方向。随着全球对环保意识的提高，特殊建筑在设计和建造过程中也越来越注重节能环保。未来，幕墙系统将更加注重环保材料和技术的应用，通过优化构造设计和材料选择，降低能耗和排放，实现可持续发展。

第四节　幕墙系统的性能要求

一、幕墙系统的结构性能要求

幕墙系统作为现代建筑的重要组成部分，其结构性能直接关系着建筑的安全性、稳定性和使用寿命。因此，对幕墙系统的结构性能要求非常严格，需要满足一系列的技术标准和规范。

（一）结构安全性能要求

幕墙系统的首要任务是保证建筑的安全性。因此，幕墙系统必须具备足够的承载能力和稳定性，能够承受风荷载、地震力等外部作用力的影响。在设计过程中，需要根据建筑的高度、体型、地理位置等因素，进行合理的结构分析和计算，确定幕墙系统的受力情况和所需材料规格。同时，在制造和安装过程中，需要严格控制质量，确保每个构件的精度和配合度，避免出现安装偏差或质量问题导致的安全隐患。

（二）防水性能要求

幕墙系统的防水性能也是其重要的结构性能要求之一。由于幕墙系统通常位于建筑的外围，容易受雨水等自然因素的影响，因此必须具备良好的防水性能。在设计时，需要考虑到幕墙系统的整体密封性和排水性，合理设置排水口和防水层，确保雨水能够顺利排出，避免积水或渗漏现象出现。同时，在材料选择上，也需要考虑到材料的防水性能，选用具有优良防水性能的材料，如耐水性能好的密封胶和防水材料。

（三）抗风压性能要求

幕墙系统作为建筑的外围护结构，必须能够承受强风等恶劣天气条件下的风压作用。因此，在设计幕墙系统时，需要进行详细的风压分析和计算，确定幕墙系统的抗风压能力。此外，还需要考虑幕墙系统的动态响应特性，避免因风振效应导致的结构破坏或安全隐患。在材料选择方面，应优先选用强度高、韧性好的材料，以提高幕墙系统的抗风压性能。

（四）热工性能要求

幕墙系统的热工性能对建筑的能耗和室内环境具有重要影响。优秀的热工性能要求幕墙系统具有良好的保温、隔热性能，以降低建筑的能耗，提高室内环境的舒适度。在设计过程中，需要综合考虑幕墙系统的材料、构造和安装方式等因素，选用导热系数低、热阻值高的材料，设置合理的空气层和热桥断桥措施，优化幕墙系统的热工性能。

（五）隔声性能要求

随着城市噪声污染的日益增多，幕墙系统的隔声性能也日益受到关注。幕墙系统应具备良好的隔声能力，以减轻外部噪声对室内环境的影响。在设计时，可以通过选用隔声性能好的材料、设置多层结构、增加空气层厚度等方式来提高幕墙系统的隔声性能。此外，合理的施工工艺和安装精度也是保证幕墙系统隔声性能的关键因素。

（六）防火性能要求

幕墙系统的防火性能是保障建筑安全的重要方面。幕墙系统应采用不燃或难燃材料，并设置有效的防火隔离措施，以防止火势的蔓延。此外，幕墙系统还应具备良好的排烟性能，以便在火灾发生时能够及时排出烟雾，降低火灾对人身及其和财产的危害。在设计和施工过程中，应严格遵守国家相关防火规范，确保幕墙系统的防火性能符合要求。

（七）耐候性能要求

幕墙系统长期暴露在自然环境中，需要经受各种气候条件的考验。因此，幕墙系统应具有良好的耐候性能，能够抵抗紫外线、雨水、沙尘等自然因素的侵蚀。在材料选择上，应优先选用耐候性能好的材料，如耐候钢、耐候涂料等。同时，在设计和施工过程中，应考虑到幕墙系统的排水和通风问题，避免积水或潮湿环境对幕墙系统造成损害。

（八）维护与保养要求

幕墙系统的维护和保养也是保证其结构性能的重要环节。在使用过程中，应定期对幕墙系统进行检查和维护，及时发现并处理潜在的安全隐患。对于损坏或老化的构件和材料，应及时进行更换或维修，以保证幕墙系统的正常使用和安全性能。同时，还应加强幕墙系统的清洁工作，保持其外观整洁美观。

二、幕墙系统的热工性能要求

幕墙系统作为现代建筑的外围护结构，其热工性能直接关系着建筑的能耗、室内环境的舒适度以及节能目标的实现。因此，对幕墙系统的热工性能要求非常严格，需要满足一系列的技术标准和规范。

（一）传热系数要求

传热系数是衡量幕墙系统热工性能的重要指标之一，它反映了幕墙系统在单位时间内、单位温差下通过单位面积的热量。传热系数越低，说明幕墙系统的保温隔热性能越好，能够有效减少热量的传递，降低建筑的能耗。

为了降低幕墙系统的传热系数，需要采取一系列措施。首先，在材料选择上，应优先选用导热系数低、热阻值高的材料，如断桥铝合金、中空玻璃等。其次，在构造设计上，可以设置合理的空气层，利用空气层的热阻作用来降低传热系数。此外，还可以通过增加保温材料、优化密封结构等方式来进一步提高幕墙系统的保温隔热性能。

（二）遮阳系数要求

遮阳系数是衡量幕墙系统遮阳性能的重要指标，它反映了幕墙系统对太阳辐射热的遮挡能力。遮阳系数越低，说明幕墙系统的遮阳性能越好，能够有效地减少太阳辐射热对室内环境的影响，降低空调的能耗。

为了降低幕墙系统的遮阳系数，可以采用以下几种方法。首先，选用具有优良遮阳性能的材料，如着色玻璃、热反射膜等。这些材料能够有效地反射和吸收太阳辐射热，减少热量的进入。其次，合理设置遮阳构件，如遮阳板、百叶窗等，以阻挡太阳直射光线。此外，还可以通过调整幕墙系统的开启方式和角度，利用自然通风来降低室内温度。

（三）气密性要求

气密性是幕墙系统热工性能的另一个重要方面。良好的气密性能够阻止室内外空气的交换，减少热量的对流和渗透，从而提高幕墙系统的保温隔热性能。

为了提高幕墙系统的气密性，需要在设计和施工过程中采取一系列措施。

首先，应选用气密性好的材料和构件，如密封胶条、密封垫片等。这些材料能够有效地填充和密封幕墙系统的缝隙和孔洞，防止空气渗透。

其次，应严格控制幕墙系统的安装精度和质量，确保构件之间的配合紧密、无缝隙。

此外，还可以通过设置合理的开启方式和密封结构来进一步提高幕墙系统的气密性。

（四）节能设计要求

除了上述具体的性能指标外，幕墙系统的热工性能还需满足节能设计的整体要求。这包括在幕墙系统设计中综合考虑建筑的朝向、体型、外窗面积比等因素，通过合理的遮阳设计、自然通风设计等手段，实现节能降耗的目标。同时，还应关注可再生能源的利用，如太阳能、风能等，通过合理的集热、发电系统设计，将可再生能源融入幕墙系统中，进一步提高建筑的能效水平。

（五）热桥与冷桥处理

在幕墙系统中，热桥和冷桥现象是常见的热工问题。热桥指的是在保温层中断裂或变薄的部分，导致热量在这些部位快速传递；而冷桥则是指由于材料或构造问题导致的热量在局部区域的快速散失。为了减少热桥和冷桥的影响，需要采取相应的处理措施。例如，在幕墙系统的保温层中设置断桥或热桥断桥材料，以减少热量的传递；对于冷桥问题，可以通过增加保温层厚度、优化材料选择等方式来改善。

（六）长期性能稳定性

幕墙系统的热工性能还需具备长期稳定性。由于幕墙系统长期暴露在自然环境中，受风、雨、阳光等多种因素的影响，其热工性能可能会发生变化。因此，在设计和选材时，需要考虑到材料的老化、变形等问题，选用耐候性好、稳定性高的材料，确保幕墙系统在使用过程中能够保持稳定的热工性能。

三、幕墙系统的光学性能要求

幕墙系统作为现代建筑的重要组成部分，其光学性能不仅关系着建筑的美观度，更与建筑内部的光环境、节能效果以及使用者的舒适度紧密相关。因此，对幕墙系统的光学性能要求十分严格，需满足一系列的技术指标和设计规范。

（一）透光性能要求

透光性能是幕墙系统光学性能的基本要求之一。它主要涉及幕墙系统对可见光的透过能力，即透光率。透光率的高低直接影响着建筑内部的光环境和使用者的视觉舒适度。

首先，幕墙系统的透光率应达到一定标准，确保室内能够获得足够的自然光线。这有助于减少人工照明，降低能耗，同时提高室内环境的舒适度。一般来说，有采光功能要求的幕墙，其透光折减系数不应低于 0.45。

其次，透光性能还要求幕墙系统在透光过程中保持均匀一致，避免出现色差或光斑。这要求幕墙系统的材料选择和制造工艺都要达到较高标准，以确保光线的均匀透过。

此外，透射光谱也是透光性能的重要指标之一。它指的是幕墙系统对不同波长光的透过程度。理想情况下，幕墙系统应在可见光范围内均匀透过，同时对紫外线和红外线的透射要有一定的限制，以保护室内物品和人员免受有害光线的伤害。

（二）反射性能要求

反射性能是幕墙系统光学性能的另一个重要方面。它主要涉及幕墙系统对光线的反射能力，即反射率。反射率的高低不仅影响建筑外观的美观度，还可能对周边环境造成光污染。

首先，幕墙系统的反射率应控制在一定范围内，避免过高的反射率导致光污染问题。一般来说，有辨色要求的幕墙，其颜色透视指数不宜低于 Ra80，同时反射率应保持在 10% 以下。

其次，反射性能还要求幕墙系统在反射过程中保持均匀一致，避免出现色差或光斑。这同样需要材料选择和制造工艺的精细控制。

此外，反射光谱也是反射性能的重要指标之一。它要求幕墙系统对不同波长光的反射程度均匀一致，同时对紫外线和红外线的反射要有一定的限制。这有助于减少幕墙系统对周边环境的光污染，同时保护建筑内部免受有害光线的侵害。

（三）抗紫外线性能要求

抗紫外线性能是幕墙系统光学性能的又一重要方面。紫外线是一种对人体和物品有害的光线，长期暴露于紫外线下可能导致皮肤疾病、材料老化等问题。因此，幕墙系统需要具备一定的抗紫外线能力。

首先，幕墙系统应选用具有优良抗紫外线性能的材料。这些材料通常具有特殊的涂层或添加剂，能够有效吸收或反射紫外线，减少其对室内环境和物品的损害。

其次，幕墙系统的设计也应考虑到抗紫外线性能的需求。例如，通过设置遮阳构件、调整幕墙的开启方式和角度等措施，可以减少紫外线对室内环境的直接照射。

此外，幕墙系统在使用过程中还需要定期进行维护和保养，以确保其抗紫外线性能的持久性。这包括清洁幕墙表面的污垢和尘埃、检查并更换老化的材料等。

（四）视觉舒适度与美观度

除了上述具体的性能指标外，幕墙系统的光学性能还需满足视觉舒适度与美观度的要求。视觉舒适度指的是室内光线分布均匀、无眩光等不良影响，令使用者感到舒适和愉悦。美观度则是指幕墙系统的外观设计与建筑风格相协调，提升建筑的整体美感。

为了实现这些要求，设计师需要在幕墙系统的设计中充分考虑光线的分布和变化，避免出现过亮或过暗的区域，以及可能产生眩光的因素。同时，还需要注重幕墙系统的色彩搭配和纹理设计，使其与建筑风格相协调。

四、幕墙系统的声学性能要求

幕墙系统作为现代建筑的外围护结构，不仅承载着建筑外观的美观与功能性，还直接关系着室内空间的声学环境。良好的声学性能可以有效减少外界噪声的干扰，提升室内空间的舒适度和使用效率。因此，对幕墙系统的声学性能要求日益严格，需满足一系列的技术指标和设计规范。

（一）隔声性能要求

隔声性能是幕墙系统声学性能的核心要求之一。它主要衡量幕墙系统对声音传播的阻隔能力，即隔声量。隔声量的大小直接决定了幕墙系统对外界噪声的隔离效果。

首先，幕墙系统的隔声量应达到一定标准，以满足不同使用场景对室内安静度的需求。例如，对于需要高度安静的场所，如图书馆、医院等，幕墙系统的隔声量应达到较高的标准，以有效隔绝外界噪声的干扰。

其次，幕墙系统的隔声性能还应考虑声音的频率特性。不同频率的声音在传播过程中受到的影响不同，因此，幕墙系统应具备对不同频率声音的阻隔能力，以实现全方位的隔声效果。

此外，幕墙系统的密封性也是影响隔声性能的重要因素。良好的密封性能可以有效减少声音通过缝隙和孔洞的传播，从而提高幕墙系统的隔声效果。因此，在设计和施工过程中，应严格控制幕墙系统的密封性能，确保构件之间的配合紧密、无缝隙。

（二）降噪性能要求

降噪性能是幕墙系统声学性能的另一个重要方面。它主要涉及幕墙系统对噪声的降低能力，即降噪系数。降噪系数的高低直接影响着室内空间的安静度和使用者的舒适度。

首先，幕墙系统应选用具有优良降噪性能的材料。这些材料通常具有特殊的吸声或隔声结构，能够有效吸收或反射噪声，减少其在室内空间的传播。

其次，幕墙系统的设计也应考虑降噪性能的需求。例如，通过设置合理的空气层、增加吸声构件等措施，可以进一步提高幕墙系统的降噪效果。

此外，对于特定场所，如高速公路旁的建筑物，幕墙系统还需考虑风噪的影响。采取优化幕墙的开启方式和角度、设置挡风板等措施，可以有效降低风噪对室内空间的干扰。

（三）吸声性能要求

吸声性能是幕墙系统声学性能的又一重要方面。它主要涉及幕墙系统对声音的吸收能力，即吸声系数。适当的吸声性能有助于改善室内空间的音质，减少声音的反射和混响，提高语音清晰度和听觉舒适度。

首先，幕墙系统应选用具有一定吸声性能的材料。这些材料通常具有多孔结构或特殊的表面处理，能够有效吸收声波，减少声音的反射。

其次，幕墙系统的设计也可通过增加吸声构件或设置吸声槽等方式来提高吸声性能。这些措施可以根据具体的声学需求进行灵活调整，以达到最佳的音质效果。

此外，需要注意的是，吸声性能并非越高越好。过高的吸声性能可能导致室内空间的声音过于沉闷，影响听觉体验。因此，在设计和选择幕墙系统的吸声材料时，需要综合考虑使用场景、声学需求以及与其他声学性能的平衡。

（四）设计与施工的声学考虑

在幕墙系统的设计和施工过程中，还需要充分考虑声学因素的影响。首先，在设计阶段，应根据建筑的使用功能和声学需求，合理确定幕墙系统的声学性能指标。同时，通过模拟分析和优化设计，确保幕墙系统在满足其他性能要求的同时，也具有良好的声学性能。

在施工过程中，应严格控制施工质量和工艺，确保幕墙系统的密封性和构件之间的配合精度。此外，还应避免在幕墙系统上开设过多的孔洞和缝隙，以减少声音的传播途径。对于需要特殊处理的部位，如隔音缝、隔声窗等，应严格按照设计要求进行施工和验收。

（五）后期维护与声学性能保持

幕墙系统的声学性能并非一成不变，随着时间的推移和使用环境的变化，其声学性能可能会发生变化。因此，在幕墙系统的使用过程中，需要定期进行声学性能的检测和维护。一旦发现声学性能下降或不符合要求的情况，应及时采取措施进行修复和改进。

同时，对使用者而言，也应注意保持室内空间的清洁和整洁，避免在幕墙系统上堆积灰尘和杂物，以免影响其声学性能。

第二章　施工组织管理的理论基础

第一节　施工组织管理的概念与原则

一、施工组织管理的概念界定

施工组织管理，作为工程建设的核心环节，是确保工程顺利进行、提高施工效率、保障施工质量与安全的重要手段。它涉及工程建设的全过程，包括人员、材料、设备、资金等各方面的组织协调与管理。因此，明确施工组织管理的概念界定，对于提高工程建设管理水平、推动工程建设的顺利进行具有重要意义。

（一）施工组织管理的概念

施工组织管理是指在工程建设过程中，通过科学的组织方法和有效的管理手段，对工程施工活动进行计划、组织、指挥、协调和控制，以实现工程建设的目标。它涵盖了施工准备、施工过程控制、施工资源管理以及施工结束后的总结评价等多个环节，是一个系统性、动态性的管理过程。

（二）施工组织管理的主要内容

施工准备阶段是施工组织管理的起始阶段，主要包括工程图纸的审查、施工方案的制定、施工人员的组织、施工设备的调配以及施工材料的采购等工作。在这个阶段，管理者需要对工程项目进行全面了解和分析，确定施工目标和计划，明确各部门的职责和任务，为后续的施工活动奠定坚实的基础。

施工过程控制是施工组织管理的核心环节，主要包括施工进度控制、施工质量控制、施工成本控制以及施工安全控制等方面。在这个阶段，管理者需要密切关注施工现场的实际情况，及时调整施工方案和计划，确保施工进度符合预期；同时，要加强质量监督和检测，确保施工质量达到标准；此外，还要注重成本控制和安全管理，避免不必要的浪费和事故发生。

施工资源管理是施工组织管理的重要组成部分，主要包括人力资源、物资资源和设备资源的管理。在人力资源方面，管理者要合理调配施工人员，确保人员数量和技术水平满足施工需求；在物资资源方面，要做好材料的采购、存储和使用工作，确保材料的质量和供应；在设备资源方面，要合理安排设备的调配和使用，提高设备的利用率和效率。施工结束后的总结评价是施工组织管理的收尾工作，主要是对施工过程中出现的问题进行总结和分析，提出改进措施和建议，为今后的工程建设提供经验和借鉴。通过总结评价，可以发现施工组织管理中存在的不足和缺陷，为完善管理制度和提高管理水平提供依据。

（三）施工组织管理的重要性

施工组织管理对工程建设的顺利进行和目标的实现具有重要意义。首先，它能够提高施工效率，通过科学的组织方法和有效的管理手段，优化资源配置，减少浪费和返工现象，加快施工进度和效率。其次，施工组织管理能够保障施工质量与安全，通过严格的质量控制和安全管理措施，确保工程质量符合标准和要求，保障施工人员的生命安全。此外，施工组织管理还能够提升企业的形象和竞争力，使企业在激烈的市场竞争中立于不败之地。

二、施工组织管理的核心原则

施工组织管理作为工程项目实施的关键环节，其成功与否直接关系着工程建设的进度、质量、成本以及安全。在实践中，为了确保施工组织管理的有效性和高效性，必须遵循一系列核心原则。

（一）系统性原则

施工组织管理是一项系统工程，它要求将工程项目视为一个整体，从全局出发，综合考虑各方面因素，进行统筹规划和协调管理。在实施过程中，需要关注各个环节之间的内在联系和相互影响，确保各项管理工作能够相互衔接、相互支持，形成一个有机的整体。

（二）科学性原则

科学性是施工组织管理的基本原则之一。它要求管理者运用现代管理理论和技术手段，对工程项目进行科学的分析、预测和决策。同时，还需要根据工程项目的特点和实际情况，制订科学合理的施工方案和计划，确保施工活动的有序进行。

（三）动态性原则

工程项目在实施过程中往往面临着各种不确定性和变化性，因此施工组织管理需要具备动态性。管理者需要密切关注工程项目的进展情况，根据实际情况及时调整和优化施工方案和计划，确保施工活动能够适应不断变化的环境和需求。

（四）经济性原则

经济性原则是施工组织管理中不可忽视的重要方面。它要求管理者在保障工程质量和安全的前提下，尽可能地降低施工成本，提高经济效益。为此，需要合理安排施工资源，优化资源配置，避免浪费和不必要的支出。

（五）安全性原则

安全性是施工组织管理的首要任务。在施工过程中，必须严格遵守安全生产法律法规和规章制度，确保施工人员的生命安全和身体健康。同时，还需要加强施工现场的安全管理，及时排查和消除安全隐患，预防安全事故的发生。

（六）标准化原则

标准化是施工组织管理的重要基础。通过制定和执行统一的施工标准、技术规范和操作规程，可以确保施工活动的规范性和一致性，提高施工效率和质量。此外，标准化还有助于推动施工技术的创新和发展，提升企业的竞争力。

（七）信息化原则

在信息化时代，施工组织管理必须充分利用现代信息技术手段，提高管理效率和水平。通过建立信息化管理系统，实现施工信息的实时采集、传输和处理，有助于管理者及时掌握施工情况，做出科学决策。同时，信息化还有助于推动施工组织管理的现代化和智能化发展。

（八）绿色化原则

随着人们环保意识的日益增强，绿色化已经成为施工组织管理的重要趋势。在施工过程中，需要注重节能减排、资源循环利用和环境保护等方面的工作，降低施工活动对环境的影响。同时，还需要加强绿色施工技术的研发和应用，推动工程建设的可持续发展。

三、 施工组织管理的理念演变

随着时代的进步和工程技术的不断发展，施工组织管理的理念也在不断的演变和更新。从传统的以经验为主的管理方式，到现代的科学化、系统化、信息化管理模式，施工组织管理的理念在不断地深化和拓展。

（一）传统经验管理阶段

在早期的工程建设中，施工组织管理主要依赖于经验。管理者往往凭借个人的经验和直觉来制订施工方案和计划，缺乏科学性和系统性。这种管理方式虽然在一定程度上能够满足工程建设的需求，但往往存在着效率低下、资源浪费、安全风险高等问题。随着工程规模的不断扩大和复杂性的增加，传统的经验管理方式已经难以适应新的形势和需求。

（二）科学化管理理念的引入

随着管理科学的兴起和发展，施工组织管理开始引入科学化的管理理念。管理者开始运用现代管理理论和技术手段，对工程项目进行科学的分析、预测和决策。通过制订科学合理的施工方案和计划，优化资源配置，提高施工效率和质量。同时，还注重质量管理和安全管理，确保工程建设的顺利进行。科学化管理理念的引入，为施工组织管理带来了革命性的变化，极大地提高了工程建设的水平和效益。

（三）系统化管理理念的深化

随着系统工程理论的兴起和应用，施工组织管理开始注重系统化的管理理念。系统化管理强调将工程项目视为一个整体，从全局出发进行统筹规划和协调管理。管理者需要综合考虑工程项目的各个方面和环节，确保各项管理工作能够相互衔接、相互支持。通过系统化的管理，可以实现对工程项目的全面控制和优化，提高工程建设的整体效益。

（四）信息化管理理念的崛起

随着信息技术的迅猛发展，施工组织管理人员开始注重信息化的管理理念。信息化管理利用现代信息技术手段，对工程项目的信息进行实时采集、传输和处理，实现管理信息的共享和协同。通过信息化管理系统，管理者可以及时掌握工程项目的进展情况，做出科学决策，提高管理效率和水平。同时，信息化管理还有助于推动施工组织管理的现代化和智能化发展。

（五）绿色化管理理念的兴起

近年来，绿色化管理理念在施工组织管理中得到了广泛的关注和应用。绿色化管理强调在工程建设过程中注重节能减排、资源循环利用和环境保护等方面的工作。通过采用绿色施工技术和材料，降低施工活动对环境的影响，实现工程建设的可持续发展。绿色化管理理念的兴起，不仅符合时代发展的需要，也为施工组织管理带来了新的发展机遇和挑战。

（六）未来趋势：智能化与精益化并行

展望未来，施工组织管理的理念将继续向智能化和精益化方向发展。智能化管理将借助人工智能、大数据等先进技术，实现对施工过程的智能监控、预测和优化，提高管理决策的准确性和效率。而精益化管理则强调对施工细节的精细化管理，通过持续改进和优化施工过程，减少浪费、提高效率和质量。这两种理念并行发展，将共同推动施工组织管理迈向更高水平。

四、施工组织管理与项目管理的关系

施工组织管理与项目管理在工程建设中均扮演着至关重要的角色，它们既相互独立又紧密相连，共同推动着工程项目的顺利进行。施工组织管理侧重于对施工过程的组织、规划和控制，而项目管理则更强调对整个项目的全面规划、组织、指导和控制。

（一）施工组织管理是项目管理的重要组成部分

施工组织管理作为项目管理的一个子集，是项目管理在工程实施阶段的具体体现。项目管理涉及项目的整个生命周期，包括项目启动、规划、执行、监控和收尾等阶段。而施工组织管理则主要关注项目执行阶段，即施工过程的组织、规划和控制。因此，施工组织管理是项目管理在工程实施过程中的细化和延伸，是实现项目管理目标的重要手段。

（二）施工组织管理与项目管理在目标上具有一致性

施工组织管理与项目管理在目标上具有一致性，都旨在确保工程项目的顺利实施和达成预定的目标。项目管理通过全面的规划、组织、指导和控制，确保项目按照预定的时间、成本和质量要求完成。而施工组织管理则通过优化施工过程、合理配置资源、提高施工效率等手段，为项目目标的实现提供有力保障。

（三）施工组织管理与项目管理在过程控制上相互补充

在施工进度控制方面，施工组织设计通过合理的施工过程规划和优化，确保施工任务能够按照计划有序进行。而项目管理则通过制订项目进度计划、监督进度执行情况以及及时调整进度偏差，确保项目按时完成。两者在施工进度控制上相互补充，共同确保施工过程的顺利进行。

在质量管理方面，施工组织管理通过制定施工工艺要求、监督施工质量等方式，确保施工过程中的质量得到有效控制。而项目管理则通过制订质量管理计划、开展质量检查和质量评估等活动，全面把控项目的质量。两者在质量管理上相互支持，共同保障项目质量目标的实现。

（四）施工组织管理与项目管理在资源管理上协同合作

资源管理是施工组织管理与项目管理共同关注的重要方面。在项目管理中，资源包括人力、物力、财力等，这些资源的合理配置和有效利用对于项目至关重要。施工组织管理则根据工程项目的特点和施工条件，对施工过程中的资源进行科学的组织和管理，确保资源的合理利用和高效配置。两者在资源管理上协同合作，共同实现资源的优化利用和成本控制。

（五）施工组织管理与项目管理在沟通协作上相互促进

沟通协作是施工组织管理与项目管理顺利进行的关键。项目管理需要协调各方利益，确保项目各参与方之间的顺畅沟通。而施工组织管理则需要与施工队伍、供应商等相关方进行有效的沟通和协作，确保施工过程的顺利进行。两者在沟通协作上相互促进，共同推动工程项目的顺利进行。

（六）未来发展趋势：施工组织管理与项目管理的深度融合

随着工程建设领域的不断发展和进步，施工组织管理与项目管理之间的界限将逐渐模糊，两者将实现更深度的融合。未来，施工组织管理将更加注重与项目管理的协同作战，共同应对复杂多变的工程环境。同时，随着信息技术的发展和应用，施工组织管理与项目管理将实现信息化、智能化管理，提高管理效率和决策水平。

第二节　施工组织管理的目标与任务

一、施工组织管理的总体目标

施工组织管理作为工程项目实施的核心环节，其总体目标是确保工程建设的顺利进行，实现预定的质量、成本、进度和安全目标。这一目标涵盖了多个方面，包括提高施工效率、优化资源配置、保障施工安全以及提升工程质量等。

（一）提高施工效率，确保进度目标实现

提高施工效率是施工组织管理的首要目标。通过科学合理地安排施工顺序、优化施工工艺、加强施工组织协调等方式，可以缩短施工周期，提高施工速度，确保工程按照预定的进度目标完成。同时，还需要关注施工过程中的不确定性因素，如天气变化、材料供应等，及时制定应对措施，确保施工进度不受影响。

（二）优化资源配置，降低施工成本

优化资源配置是施工组织管理的重要目标之一。通过合理调配人力、物力、财力等资源，实现资源的最大化利用，降低施工成本。这包括选择适当的施工机械和设备、合理安排施工人员、有效控制材料消耗等方面。同时，还需要关注资源的可持续性，积极推广绿色施工技术和材料，降低施工活动对环境的影响。

（三）保障施工安全，预防安全事故发生

保障施工安全是施工组织管理的核心目标。在施工过程中，必须严格遵守安全生产法律法规和规章制度，加强施工现场的安全管理，确保施工人员的生命安全和身体健康。这包括制定并执行安全施工方案、加强安全教育和培训、定期开展安全检查和评估等方面。同时，还需要建立健全应急预案和救援机制，及时应对和处理安全事故，确保施工活动的顺利进行。

（四）提升工程质量，实现质量目标

提升工程质量是施工组织管理的关键目标。通过制定并执行严格的质量管理计划和标准，确保施工过程的规范性和一致性，提高工程质量。这包括加强材料质量控制、优化施工工艺和流程、开展质量检查和验收等方面。同时，还需要关

注工程质量的持续改进和创新发展，积极采用新技术、新材料和新工艺，提升工程质量的整体水平。

（五）加强沟通协调，促进各方合作

加强沟通协调是施工组织管理的重要目标之一。在工程项目实施过程中，需要与设计单位、监理单位、供应商等相关方进行有效的沟通和协作，确保各方之间的信息畅通和协同作战。通过建立健全沟通机制和协作平台，及时解决施工过程中的问题和矛盾，推动工程项目的顺利进行。

（六）实现项目管理的整体目标

施工组织管理的总体目标还需要与项目管理的整体目标相一致。项目管理旨在实现项目的预定目标，包括质量、成本、进度和安全等方面。因此，施工组织管理需要紧密配合项目管理的工作，确保施工活动与项目管理的要求相协调。通过实现施工组织管理的目标，为项目管理整体目标的实现提供有力支持。

二、施工组织管理的具体任务

施工组织管理作为工程项目实施的重要环节，其具体任务涵盖了从施工准备到施工结束的全过程，旨在确保施工活动的有序、高效、安全进行。下面将详细阐述施工组织管理的具体任务，以期对施工组织管理的实践提供有益的指导。

（一）施工准备阶段的组织管理任务

在施工准备阶段，施工组织管理的主要任务包括编制施工组织设计、制订施工计划、组建施工队伍及落实施工条件等。

首先，编制施工组织设计是施工准备阶段的核心任务。施工组织设计是对工程项目施工过程的全面规划和安排，包括确定施工方法、施工顺序、施工进度、施工资源配置等。通过编制施工组织设计，可以确保施工活动的有序进行，提高施工效率。

其次，制订施工计划是施工准备阶段的重要任务。施工计划是对施工过程的详细安排，包括施工进度计划、材料供应计划、劳动力计划等。制订施工计划可以确保施工活动按计划进行，避免资源浪费和进度延误。

此外，组建施工队伍和落实施工条件也是施工准备阶段的重要任务。组建施工队伍需要选拔具有专业技能和丰富经验的施工人员，并进行必要的培训和教育。

落实施工条件则需要确保施工现场的安全、环境、交通等条件符合施工要求，为施工活动的顺利进行提供保障。

（二）施工过程中的组织管理任务

在施工过程中，施工组织管理的主要任务包括施工现场管理、施工进度控制、施工质量管理及施工安全管理等。

首先，施工现场管理是施工过程中的重要任务。施工现场管理涉及对施工现场的布置、设备的调度、材料的堆放、施工人员的组织等方面。通过合理的施工现场管理，可以确保施工活动的有序进行，提高施工效率，减少资源浪费。

其次，施工进度控制是施工过程中的关键任务。施工进度控制需要对施工计划的执行情况进行实时监控和调整，确保施工进度与计划相符。当遇到施工进度延误时，需要及时分析原因并采取相应措施，确保施工进度得到有效控制。

再次，施工质量管理也是施工过程中的重要任务。施工质量管理涉及对施工过程的全面监控和检查，确保施工质量符合设计要求和规范标准。通过加强施工质量管理，可以提高工程项目的整体质量水平，增强项目的竞争力。

最后，施工安全管理是施工过程中的核心任务。施工安全管理需要严格遵守安全生产法律法规和规章制度，加强施工现场的安全检查和隐患排查，确保施工人员的生命安全和身体健康。通过加强施工安全管理，可以降低安全事故的发生率，保障施工活动的顺利进行。

（三）施工结束阶段的组织管理任务

在施工结束阶段，施工组织管理的主要任务包括施工验收、资料整理及施工总结等。

首先，施工验收是施工结束阶段的重要任务。施工验收是对工程项目施工质量的全面检查和评估，包括检查施工成果是否符合设计要求、是否满足相关标准等。通过施工验收，可以确保工程项目的质量达到预定目标。

其次，资料整理也是施工结束阶段的重要任务。资料整理涉及对施工过程中产生的各类文件和资料的收集、整理和归档。通过资料整理，可以为工程项目的后续维护和管理提供便利，同时为类似工程项目的施工提供经验借鉴。

最后，施工总结是施工结束阶段的必要任务。施工总结需要对整个施工过程进行全面回顾和总结，分析优点和不足，提出改进措施和建议。通过施工总结，可以不断提高施工组织管理水平，为今后的工程项目施工提供有益的参考。

三、施工组织管理与质量、成本、进度的关系

在工程项目实施过程中，施工组织管理扮演着至关重要的角色。它不仅是确保施工活动有序进行的基石，还与工程项目的质量、成本和进度密切相关。

（一）施工组织管理与质量的关系

施工组织管理是确保工程质量的重要手段。通过科学合理的施工组织设计，可以明确施工过程中的质量控制要点和措施，从而有效地提升工程质量。具体而言，施工组织管理在质量控制方面发挥着以下作用：

首先，施工组织管理有助于优化施工方法和工艺。通过选择合适的施工方法和工艺，可以减少施工过程中的质量隐患，提高施工效率，进而保证工程质量。

其次，施工组织管理有助于加强施工现场的质量监控。通过制定并执行严格的质量检查制度，可以及时发现并纠正施工过程中的质量问题，确保工程质量的持续改进。

最后，施工组织管理还有助于提升施工人员的质量意识。通过加强质量教育和培训，可以提高施工人员的质量意识和技能水平，使他们更加关注工程质量，从而确保施工活动的顺利进行。

（二）施工组织管理与成本的关系

施工组织管理对成本控制具有重要影响。通过合理的施工组织设计和管理措施，可以有效地降低施工成本，提高项目的经济效益。具体而言，施工组织管理在成本控制方面发挥着以下作用：

首先，施工组织管理有助于优化资源配置。通过合理安排人力、物力、财力等资源，可以实现资源的最大化利用，减少资源浪费，从而降低施工成本。

其次，施工组织管理有助于提高施工效率。通过采用先进的施工技术和设备，优化施工顺序和流程，可以缩短施工周期，提高施工速度，进而降低施工成本。

最后，施工组织管理还有助于加强成本监控和核算。通过制定并执行严格的成本管理制度，可以及时发现并纠正成本偏差，确保施工成本控制在合理范围内。

（三）施工组织管理与进度的关系

施工组织管理与进度控制密切相关。通过科学合理的施工组织设计和管理措施，可以有效地控制施工进度，确保工程按时完工。具体而言，施工组织管理在进度控制方面发挥着以下作用：

首先，施工组织管理有助于制订合理的施工进度计划。通过综合考虑工程项目的实际情况和施工条件，制订合理的施工进度计划，可以确保施工活动的有序进行。

其次，施工组织管理有助于加强施工进度的实时监控和调整。通过定期检查和评估施工进度计划的执行情况，及时发现并处理进度延误问题，确保施工进度与计划相符。

最后，施工组织管理还有助于协调各方利益，促进施工进度的顺利进行。通过加强与业主、设计、监理等相关方的沟通和协作，及时解决施工过程中的问题，确保施工进度的顺利推进。

（四）施工组织管理与质量、成本、进度的综合协调

在实际工程项目中，施工组织管理需要综合考虑质量、成本和进度三个方面的要求，实现三者的综合协调。具体而言，可以采取以下措施：

首先，加强施工组织设计的优化。通过综合考虑工程项目的特点、施工条件和质量、成本、进度要求，制订科学合理的施工组织设计方案，确保施工活动的有序进行。

其次，加强施工过程中的质量控制和成本监控。通过制定并执行严格的质量检查制度和成本管理制度，及时发现并纠正施工过程中的质量问题和成本偏差，确保工程质量和成本控制在预定范围内。

再次，加强施工进度的实时监控和调整。通过定期检查和评估施工进度计划的执行情况，及时发现并处理进度延误问题，确保施工进度与计划相符。

最后，加强与其他相关方的沟通和协作。通过加强与业主、设计、监理等相关方的沟通和协作，共同解决施工过程中的问题和矛盾，推动工程项目的顺利进行。

四、施工组织管理的评价与反馈

在工程项目实施的过程中，施工组织管理扮演着至关重要的角色。它不仅涉及工程项目的进度、成本和质量等多个方面，还直接关系到项目的最终效益和企业的长远发展。因此，对施工组织管理进行评价与反馈，是确保工程项目顺利进行、提高管理水平和实现可持续发展的关键环节。

（一）施工组织管理的评价

施工组织管理的评价是一个系统性的过程，旨在全面评估施工组织管理的效果，发现存在的问题和不足，为后续的改进提供依据。评价过程中需要综合考虑多个方面，包括施工组织的合理性、资源配置的优化程度、施工进度的控制情况、施工质量的保障水平及施工安全的保障措施等。

首先，对施工组织设计的合理性进行评价。施工组织设计是施工活动的基础，其合理性直接影响到施工效率和工程质量。评价时应关注设计是否充分考虑了工程项目的实际情况和需求，是否科学合理地安排了施工顺序、施工方法和施工资源等。

其次，对资源配置的优化程度进行评价。资源配置是施工组织管理的核心任务之一，其优化程度直接关系到施工成本的控制和工程效益的实现。评价时应关注资源是否得到了有效利用、是否存在资源浪费或闲置的情况，以及资源配置是否与施工进度和质量要求相匹配。

最后，还需要对施工进度的控制情况、施工质量的保障水平以及施工安全的保障措施等方面进行评价。这些方面的评价可以通过对比实际施工情况与计划目标，分析偏差产生的原因，以及评估施工过程中的质量控制和安全保障措施的有效性来进行。

在评价过程中，应注重数据的收集和分析，利用现代信息技术手段，对施工过程中的各项数据进行实时监测和记录，以便更准确地评估施工组织管理的效果。同时，还应关注评价结果的客观性和公正性，避免受主观臆断和偏见的影响。

（二）施工组织管理的反馈

施工组织管理的反馈是评价结果的运用和改进的重要环节。通过反馈，可以将评价结果转化为具体的改进措施和建议，指导施工组织管理的优化和提升。反馈过程中需要注重以下几个方面：

首先，及时反馈评价结果。评价结果应及时向相关人员进行反馈，包括项目经理、施工队伍及相关部门等。通过反馈，可以让相关人员了解施工组织管理的现状和存在的问题，引起他们的重视和关注。

其次，制定改进措施。根据评价结果，制定具体的改进措施和建议。这些措施可以针对施工组织设计的不足、资源配置的不合理、施工进度控制的偏差等方面进行改进，以提高施工效率、降低成本、保障质量和安全。

再次，加强沟通协调。改进措施的实施需要各方的配合和支持。因此，应加强与相关人员的沟通协调，明确各自的责任和任务，确保改进措施能够得到有效执行。

最后，建立长效机制。施工组织管理的改进不是一蹴而就的，需要建立长效机制，持续进行改进和优化。可以通过定期开展评价活动、建立信息共享平台、加强培训和教育等方式，推动施工组织管理的不断提升。

在反馈过程中，还应注重激励和约束机制的建立。对于在施工组织管理中表现突出的个人和团队，应给予适当的奖励和表彰；对于存在问题的个人和团队，应进行必要的约束和惩罚。这样可以激发人员的积极性和责任心，促进施工组织管理的持续改进。

（三）评价与反馈的相互促进

施工组织管理的评价与反馈是相互促进的。评价为反馈提供了依据和方向，反馈则是评价结果的运用和改进的体现。通过不断进行评价和反馈，可以及时发现和解决施工组织管理中存在的问题和不足，推动管理水平的不断提升。

同时，评价与反馈也是施工组织管理持续改进的重要动力。通过持续改进，可以不断优化施工组织设计、提高资源配置效率、加强进度控制和质量管理等，从而进一步提升工程项目的效益和企业的竞争力。

在实际工程项目中，应高度重视施工组织管理的评价与反馈工作。建立健全的评价与反馈机制，明确评价标准和反馈流程，确保评价与反馈工作的有效性和及时性。同时，还应加强人员的培训和教育，提高他们的专业素养和管理能力，为施工组织管理的评价与反馈工作提供有力保障。

第三节 施工组织设计的内容与方法

一、施工组织设计的基本内容

施工组织设计是工程项目实施过程中的一项关键工作，它涉及工程项目的各个方面，是确保施工活动有序、高效进行的基础。

（一）工程概况与特点分析

施工组织设计的首要任务是对工程概况和特点进行深入分析。这包括了解工程项目的规模、性质、地理位置、环境条件等基本情况，以及分析工程项目的特点和难点，如施工条件、技术要求、工期限制等。通过对工程概况和特点的分析，可以为后续的施工组织设计提供有力的依据。

（二）施工部署与总体安排

施工部署与总体安排是施工组织设计的核心内容之一。它涉及工程项目的整体规划和布局，包括确定施工目标、制定施工原则、划分施工阶段和施工区域、安排施工顺序等。通过合理的施工部署和总体安排，可以确保施工活动的有序进行，提高施工效率，降低施工成本。

（三）施工进度计划

施工进度计划是施工组织设计中的重要组成部分。它根据工程项目的实际情况和施工要求，确定合理的施工进度目标，并详细规划施工过程中的各个阶段和关键节点的完成时间。施工进度计划的制订需要考虑多种因素，如施工条件、资源供应、技术难度等，以确保计划的可行性和有效性。

（四）施工方法与工艺选择

施工方法与工艺选择是施工组织设计中的关键环节。它根据工程项目的特点和技术要求，选择合适的施工方法和工艺，确保施工质量和安全。在选择施工方法和工艺时，需要综合考虑多种因素，如施工条件、材料供应、机械设备等，以保障施工的高效、经济和安全。

（五）施工现场平面布置

施工现场平面布置是施工组织设计中的重要内容之一。它根据工程项目的施工需求和现场条件，合理规划施工现场的布局和设施安排，包括临时设施、道路、材料堆放区、机械设备停放区等。通过科学的施工现场平面布置，可以优化施工环境，提高施工效率，确保施工活动的顺利进行。

（六）资源需求计划

资源需求计划是施工组织设计中不可或缺的一部分。它根据施工进度计划和施工方法，详细计算并规划施工过程中所需的人力、物力、财力等资源。资源需求计划的制订需要考虑资源的可获得性、供应稳定性及成本控制等因素，以确保施工过程中的资源供应能够满足施工需求。

（七）质量与安全管理措施

质量与安全管理是施工组织设计中的重要环节。它涉及施工过程中的质量控制和安全管理，包括制定质量标准和安全规范、建立质量管理体系和安全管理体系、实施质量检查和安全监控等。通过质量与安全管理措施的实施，可以有效保障施工质量和安全，降低事故风险，提高工程项目的整体效益。

（八）环境保护与文明施工措施

环境保护与文明施工是现代工程项目管理中不可忽视的重要方面。在施工组织设计中，需要充分考虑环境保护和文明施工的要求，制订相应的措施和方案。这包括合理规划施工现场的环保设施、控制施工噪声和扬尘、处理施工废弃物等，以实现工程项目的可持续发展。

（九）施工风险评估与应对措施

施工风险评估与应对措施是施工组织设计中的关键内容之一。它通过对施工过程中可能出现的风险因素进行识别和评估，制订相应的应对措施和预案，以降低施工风险的发生概率和影响程度。施工风险评估与应对措施的制定需要考虑工程项目的实际情况和施工条件，确保应对措施的针对性和有效性。

二、施工组织设计的常用方法

施工组织设计是工程项目实施过程中的重要环节，它涉及工程项目的整体规划、资源配置、进度安排以及质量管理等多个方面。为了有效地进行施工组织设计，需要采用一系列科学的方法和工具。

（一）网络计划技术

网络计划技术是施工组织设计中常用的方法之一。它利用网络图来表示工程项目中各项任务之间的关系，以及任务的开始和结束时间。通过网络计划技术，可以清晰地展示工程项目的整体进度和关键路径，为管理者提供决策依据。同时，网络计划技术还可以进行资源优化和时间优化，以提高施工效率，降低施工成本。

在实际应用中，网络计划技术可以采用关键路径法（CPM）或前导图法（PDM）等具体方法。这些方法可以帮助项目团队识别关键任务和非关键任务，合理分配资源，优化施工顺序，确保工程项目按计划顺利进行。

（二）线性规划法

线性规划法是施工组织设计中用于资源优化的一种常用方法。它通过构建线性规划模型，对工程项目中的资源进行合理配置，以实现资源的最大化利用。线性规划法可以考虑多种资源的约束条件，如人力、物力、财力等，通过求解模型得到最优的资源分配方案。

在实际应用中，线性规划法可以通过专业软件或编程工具进行求解。管理者可以根据工程项目的实际情况，构建合适的线性规划模型，并设定相应的目标函数和约束条件，通过求解得到最优的资源分配方案。

（三）模拟法

模拟法是一种通过构建仿真模型来模拟工程项目实际施工过程的方法。它可以帮助管理者预测施工过程中可能出现的问题和风险，并制定相应的应对措施。模拟法可以考虑多种不确定因素，如天气、材料供应、设备故障等，通过模拟不同场景下的施工过程，评估其对施工进度和成本的影响。

在实际应用中，模拟法可以采用离散事件模拟、系统动力学模拟等具体方法。通过构建仿真模型，输入相关参数和条件，模拟工程项目的施工过程，并输出模拟结果。管理者可以根据模拟结果，调整施工计划和资源配置，以应对可能出现的问题和风险。

（四）专家评审法

专家评审法是一种借助专家经验和知识来进行施工组织设计的方法。它通过邀请拥有丰富经验和专业知识的专家对施工组织设计进行评审和评估，提出改进意见和建议。专家评审法可以充分利用专家的智慧和经验，提高施工组织设计的科学性和实用性。在实际应用中，专家评审法可以专家会议、专家咨询等方式展现。管理者可以邀请相关领域的专家，对施工组织设计进行详细的评审和讨论，根据专家的意见和建议进行修改和完善。

（五）经验总结法

经验总结法是一种基于历史经验和数据来进行施工组织设计的方法。它通过总结和借鉴类似工程项目的成功经验和教训，避免重复犯错，提高施工效率和质量。经验总结法可以充分利用已有的工程案例和资料，为当前工程项目的施工组织设计提供参考和借鉴。在实际应用中，经验总结法可以通过查阅相关文献资料、收集类似工程项目的案例和数据等方式进行。管理者可以分析和总结这些案例和数据中的经验和教训，将其应用于当前工程项目的施工组织设计中，以提高设计的合理性和有效性。

三、施工组织设计的优化策略

施工组织设计是工程项目实施过程中的关键环节，它直接影响着工程项目的进度、成本和质量。因此，优化施工组织设计对于提高工程项目的综合效益具有重要意义。

（一）精细化管理与流程优化

精细化管理是施工组织设计优化的重要手段。通过细化施工任务、明确责任分工、加强过程控制等方式，可以提高施工组织的精细度，减少资源浪费和效率损失。同时，流程优化也是施工组织设计优化的关键。通过优化施工流程，减少不必要的环节和等待时间，提高施工效率，降低施工成本。

在实际操作中，可以运用现代管理理念和工具，如工作分解结构（WBS）、关键链法（CCM）等，对施工任务和流程进行细致的分析和规划。通过合理划分工作包、设定关键里程碑、制订详细的进度计划等措施，实现施工组织的精细化和流程的优化。

（二）资源合理配置与利用

资源的合理配置与利用是施工组织设计优化的核心。在工程项目中，资源包括人力、物力、财力等多个方面。优化资源配置可以提高资源的利用效率，降低施工成本。

首先，要根据工程项目的实际需求和特点，制订合理的资源需求计划。通过准确预测和计算所需的人力、物力和财力等资源，确保资源的及时供应和有效利用。

其次，要注重资源的优化配置。根据施工任务的重要性和紧急性，合理分配资源，确保关键任务得到优先保障。同时，要充分利用现有资源，避免资源的浪费和重复配置。

最后，还可以通过引入先进的施工技术和设备，提高资源的利用效率和施工质量。例如，采用预制装配式建筑技术、智能化施工设备等，可以减少现场作业量，提高施工效率，降低施工成本。

（三）信息化技术应用与创新

信息化技术的应用与创新是施工组织设计优化的重要途径。通过引入信息技术，可以提高施工组织的智能化和自动化水平，提升施工效率和质量。

首先，可以利用信息化手段对施工过程进行实时监控和管理。通过安装传感器、摄像头等设备，实时采集施工数据，对施工进度、质量、安全等进行监控和预警。这有助于及时发现和解决施工中出现的问题，确保施工过程的顺利进行。

其次，可以利用信息化手段优化施工组织和协调。通过构建项目管理信息系统，实现施工信息的共享和协同工作，提高施工组织的协同效率。同时，可以利用大数据、云计算等技术对施工数据进行分析和挖掘，发现施工过程中的规律和问题，为施工组织的优化提供决策支持。

最后，还可以探索新的信息化应用模式，如虚拟现实（VR）、增强现实（AR）等技术在施工组织设计中的应用。这些技术可以为施工人员提供更为直观和真实的施工环境模拟，提高施工质量和效率。

（四）风险管理与应对

风险管理与应对是施工组织设计优化中不可忽视的一环。工程项目在实施过程中面临着各种风险，如自然灾害、材料供应不足、技术难题等。优化施工组织设计需要充分考虑这些风险因素，采取有效的应对措施。

首先，要进行全面的风险评估。通过识别和分析工程项目中可能存在的风险因素，评估其发生的可能性和影响程度，为制定应对措施提供依据。

其次，要制定详细的风险应对措施。针对不同类型的风险，制定相应的预防和应对措施，如建立应急预案、储备关键物资、引入专业技术支持等。这些措施可以降低风险发生的概率和影响程度，确保工程项目的顺利进行。

最后，还要加强风险监控和预警。通过定期检查和评估施工过程中的风险状况，及时发现和处理潜在风险，避免风险扩大和恶化。

（五）持续改进与创新

施工组织设计的优化是一个持续的过程，需要不断改进和创新。通过总结和分析施工过程中的经验和教训，发现施工组织中存在的问题和不足，提出改进措施和创新思路。

同时，要关注行业发展趋势和技术创新动态，及时引入新的施工技术和管理理念，推动施工组织设计的优化升级。通过持续改进和创新，可以不断提高施工组织的效率和质量，提升工程项目的综合效益。

第四节　施工组织管理的优化理论

一、施工组织管理的优化原则

施工组织管理是工程项目实施过程中的核心环节，它涉及项目的整体规划、资源配置、进度控制、质量管理等多个方面。优化施工组织管理对于提高工程项目的效率、降低成本、确保质量具有重要意义。

（一）系统性原则

施工组织管理是一个系统工程，需要综合考虑项目的各个方面和环节。优化施工组织管理必须坚持系统性原则，将项目看作一个整体，注重各个部分之间的协调和配合。

在具体操作中，要从项目的全局出发，合理安排施工任务、资源配置、进度控制等工作，确保各个环节之间的衔接顺畅，避免出现相互脱节或重复劳动的情况。同时，要注重信息的共享和沟通，确保各个部门之间的信息畅通，提高协同效率。

（二）动态性原则

工程项目在实施过程中往往面临着各种不确定因素和变化，因此施工组织管理必须具备动态性。优化施工组织管理需要坚持动态性原则，根据项目的实际情况和变化及时调整和优化管理策略。

具体来说，要密切关注项目的进度、成本、质量等方面的变化，及时发现问题并采取相应的措施。同时，要根据项目的实际情况调整资源配置和进度计划，确保项目能够按照预定的目标顺利进行。

（三）经济性原则

工程项目的实施需要投入大量的资源，包括人力、物力、财力等。优化施工组织管理需要坚持经济性原则，力求以最小的成本获得最大的效益。

在经济性原则的指导下，要注重资源的合理利用和节约，避免资源的浪费和重复投入。同时，要通过优化施工方案、提高施工效率等措施降低施工成本，提高项目的经济效益。

（四）合理性原则

施工组织管理的优化还需要遵循合理性原则。这要求施工组织设计方案应科学合理、符合工程实际情况和施工技术水平，确保施工过程的可行性和可靠性。

具体而言，要充分考虑工程项目的特点和要求，制订合理的施工方案和工艺流程。在资源配置方面，要根据施工任务的需求和资源的可用性进行合理调配，确保资源的充分利用。在进度安排方面，要合理设定施工目标和节点，充分考虑各种因素对施工进度的影响，确保施工进度的合理性和可控性。

（五）安全性原则

安全是施工组织管理中不可忽视的重要原则。优化施工组织管理必须始终坚持安全第一的思想，确保施工过程中的安全生产和人员安全。

在施工过程中，要严格遵守安全生产规定和操作规程，加强安全教育和培训，提高施工人员的安全意识和操作技能。同时，要建立健全安全管理体系，明确安全管理责任，加强安全检查和监督，确保施工现场的安全稳定。

（六）创新性原则

随着科技的进步和工程管理的不断创新，施工组织管理也需要不断引入新的理念和技术。优化施工组织管理需要坚持创新性原则，积极探索新的管理模式和方法，提高施工组织的效率和质量。

在创新性原则的指导下，可以关注并引入先进的施工技术和管理理念，如预制装配式建筑技术、智能化施工设备、BIM技术等，提高施工效率和质量。同时，可以探索新的施工组织形式和协作方式，如基于云平台的协同管理、施工机器人的应用等，提升施工组织的智能化和自动化水平。

（七）可持续发展原则

在当今社会，可持续发展已经成为各个领域的重要指导思想。优化施工组织管理也应遵循可持续发展原则，注重环境保护、资源节约和生态平衡。

在施工过程中，要严格遵守环保法规，采取有效措施减少施工对环境的影响。同时，要注重资源的循环利用和节能降耗，推广使用环保材料和节能设备。此外，还应关注施工对当地社区和生态环境的影响，积极履行社会责任，实现经济效益、社会效益和环境效益的协调发展。

二、施工组织管理的优化方法

施工组织管理是工程项目实施过程中至关重要的环节，它直接关系到项目的进度、成本和质量。为了提升施工效率、降低成本并保障施工质量，必须对施工组织管理进行优化。

（一）施工方案的优化

施工方案是施工组织管理的核心，其优化是提升施工效率的关键。首先，要对施工方案进行细致的分析和评估，找出其中的瓶颈和不合理之处。其次，根据项目的实际情况和需求，对施工方案进行有针对性的优化。例如，通过调整施工顺序、优化施工工艺、引入先进的施工技术和设备等方式，提高施工效率和质量。

最后，还可以采用BIM（建筑信息模型）技术进行施工方案的优化。BIM技术能够实现对工程项目的三维可视化，帮助管理人员更直观地了解施工过程中的各个环节，从而更精确地制订施工方案和优化施工流程。

（二）资源配置的优化

资源是施工过程中的关键因素，其合理配置对于提高施工效率具有重要意义。首先，要根据项目的实际需求和施工进度，制订合理的资源需求计划。这包括对人力、物力、财力等各种资源的需求进行准确预测和计算。

其次，要对资源进行优化配置。通过引入市场竞争机制，选择优质的供应商和承包商，确保资源的供应和质量。同时，要加强对资源的调度和管理，确保资源的及时供应和有效利用。

最后，还可以利用信息技术手段进行资源配置的优化。例如，通过构建项目管理信息系统，实现对资源的实时跟踪和监控，提高资源配置的效率和准确性。

（三）进度控制的优化

进度控制是施工组织管理中的重要环节，其优化有助于确保项目按时完成。首先，要制订详细的进度计划，明确各个阶段的施工任务和时间节点。其次，要加强对施工进度的实时监控和预警，及时发现并解决进度滞后的问题。为了进一步优化进度控制，可以采用关键链法等先进的项目管理方法。这些方法能够帮助管理人员更准确地识别项目的关键路径和关键任务，从而制订出更加科学合理的进度计划和控制策略。

同时，还要加强与相关方的沟通和协作，确保各方在进度控制上达成共识和协同配合。这有助于减少不必要的冲突和延误，提高施工效率和质量。

（四）质量管理的优化

质量管理是施工组织管理中不可忽视的一环。优化质量管理有助于提升项目的整体质量水平。首先，要建立健全质量管理体系，明确质量管理的目标和要求。其次，要加强对施工过程的监控和检查，确保施工质量符合设计要求和相关标准。在优化质量管理方面，可以引入质量统计和分析技术，对施工质量数据进行收集、分析和处理。通过数据的挖掘和利用，可以找出施工质量问题的根源和规律，为制定针对性的改进措施提供依据。

此外，还可以加强质量意识和培训，提高施工人员和管理人员的质量意识和技能水平。通过加强质量文化的建设，形成全员参与质量管理的良好氛围。

（五）信息化管理的优化

信息化管理是施工组织管理的重要手段，其优化有助于提高管理效率和决策水平。首先，要构建完善的项目管理信息系统，实现施工信息的实时采集、处理和共享。这有助于管理人员及时掌握项目的进度、成本和质量等信息，为决策提供有力支持。其次，要加强对信息技术的应用和创新。通过引入大数据、云计算、物联网等先进技术，实现对施工过程的智能化监控和管理。这有助于提高管理效率和准确性，降低管理成本。

同时，还要加强信息安全保障，确保施工信息的安全性和保密性。通过制定严格的信息管理制度和措施，防止信息泄露和滥用的情况发生。

（六）持续改进与创新

施工组织管理的优化是一个持续的过程，需要不断改进和创新。首先，要建立完善的反馈机制，及时收集和分析施工过程中出现的问题和不足之处。其次，要根据反馈结果制定相应的改进措施和方案，不断优化施工组织管理。

此外，还要关注行业发展趋势和技术创新动态，及时引入新的管理理念和技术手段。通过不断学习和创新，推动施工组织管理的持续优化和升级。

三、施工组织管理的优化实践

在工程项目实施过程中，施工组织管理扮演着至关重要的角色。优化施工组织管理不仅能够提高施工效率、降低成本，还能确保施工质量和安全。

（一）制定科学合理的施工方案

施工方案是施工组织管理的核心，其优化实践应从制订科学合理的施工方案开始。首先，要对工程项目进行全面深入的分析，明确施工目标、施工条件和施工要求。其次，根据项目的实际情况，制订符合工程特点的施工方案，包括施工顺序、工艺流程、资源配置等。在制定施工方案时，应充分考虑施工效率、成本和质量等因素，力求达到最优的综合效果。

以某高速公路建设项目为例，项目组通过对施工场地的地质条件、气候条件、交通状况等因素进行综合分析，制订了针对性的施工方案。在施工过程中，采用分段施工、流水作业的方式，合理安排施工顺序和作业时间，有效提高了施工效率。同时，通过对施工机械和人员的优化配置，实现了资源的高效利用，降低了施工成本。

（二）精细化资源管理

资源管理是施工组织管理的重要组成部分，其优化实践应注重资源的精细化管理。首先，要对项目所需的各种资源进行准确预测和评估，制订详细的资源需求计划。其次，通过引入市场竞争机制，选择优质的供应商和承包商，确保资源的供应和质量。同时，加强对资源的调度和管理，确保资源的及时供应和有效利用。

在某大型住宅项目的施工组织管理中，项目组采用了精细化的资源管理方法。他们根据施工进度和作业需求，制订了详细的材料需求计划，并与供应商建立了紧密的合作关系，确保了材料的及时供应和质量稳定。此外，他们还通过优化施工机械的配置和使用，提高了机械的使用效率，降低了机械故障率，进一步提升了施工效率。

（三）强化进度控制

进度控制是施工组织管理的重要环节，其优化实践应着重于强化进度控制。首先，要制订详细的进度计划，明确各个阶段的施工任务和时间节点。其次，通过引入先进的项目管理软件和技术手段，实现对施工进度的实时监控和预警。最后，加强与相关方的沟通和协作，确保各方面在进度控制上达成共识和协同配合。

在某桥梁建设项目的施工组织管理中，项目组采用了先进的项目管理软件，实现了对施工进度的实时监控和预警。他们通过软件平台，及时收集和分析施工进度数据，发现进度滞后的问题并采取相应的措施进行调整。此外，他们还加强了与业主、设计单位和施工单位的沟通协作，共同解决施工过程中的问题，确保了项目的按时完成。

（四）提升质量管理水平

质量管理是施工组织管理的关键环节，其优化实践应致力于提升质量管理水平。首先，要建立健全质量管理体系，明确质量管理的目标和要求。其次，加强对施工过程的监控和检查，确保施工质量符合设计要求和相关标准。最后，通过引入先进的施工技术和质量管理方法，提升施工质量的整体水平。

在某地铁站建设项目的施工组织管理中，项目组注重提升质量管理水平。他们建立了完善的质量管理体系，明确了质量管理的责任和要求。在施工过程中，他们加强了对施工质量的监控和检查，对不合格的施工段进行了及时处理和整改。此外，他们还积极引进新技术和新材料，提高了工程的施工质量和使用性能。

（五）推动信息化管理创新

信息化管理是施工组织管理优化实践的重要手段，其应致力于推动信息化管理创新。首先，要构建完善的项目管理信息系统，实现施工信息的实时采集、处理和共享。其次，利用大数据、云计算等先进技术对施工过程进行智能化分析和预测。最后，加强信息安全保障措施，确保施工信息的安全性和保密性。

以某智能园区建设项目为例，项目组在施工管理过程中采用了先进的信息化手段。他们构建了项目管理信息系统，实现了对施工进度的实时监控、成本的有效控制以及质量的全面管理。通过大数据分析技术，他们对施工过程中的数据进行了深入挖掘和分析，为决策提供了有力支持。此外，他们还加强了信息安全保障措施，确保了施工信息的安全性和保密性。

（六）总结与持续改进

施工组织管理的优化实践是一个持续的过程，需要不断总结经验和教训，进行持续改进。首先，要对施工过程中的问题进行及时总结和反思，找出问题的根源和解决方案。其次，根据实践经验和市场变化，对施工组织管理进行持续改进和创新。最后，加强项目管理团队的建设和培训，提高团队的管理水平和专业素养。

在某水利工程建设项目的施工组织管理中，项目组在项目结束后进行了详细的总结和反思。他们针对施工过程中出现的问题和不足之处进行了深入的分析，并提出了相应的改进措施。在未来的项目管理中，他们将继续关注行业动态和技术创新，不断优化施工组织管理方案，提高项目的综合效益。

四、施工组织管理的创新趋势

随着科技的飞速发展和市场竞争的日益激烈，工程项目对施工组织管理的要求也在不断提高。为了适应这一变化，施工组织管理必须不断创新，以满足项目高效、高质量、低成本的需求。

（一）信息化与智能化管理

信息化和智能化是施工组织管理创新的重要方向。随着信息技术和人工智能技术的快速发展，越来越多的工程项目开始采用信息化管理系统和智能化施工设备，以提高管理效率和施工质量。在信息化方面，通过建立项目管理信息系统，实现施工信息的实时采集、处理和共享，管理人员可以更加便捷地获取项目进度、成本和质量等关键信息，为决策提供有力支持。同时，利用大数据分析技术对施工过程中的数据进行挖掘和分析，有助于发现潜在的问题和改进点，为管理优化提供数据支持。

在智能化方面，通过引入智能机器人、无人机等智能化施工设备，可以实现对施工过程的自动化控制和精准操作，提高施工效率和质量。同时，利用物联网技术对施工设备和材料进行实时监控和管理，有助于降低设备故障率和材料浪费，提高资源利用效率。

（二）绿色与可持续化管理

随着环保意识的日益增强，绿色与可持续化管理成为施工组织管理创新的又一重要趋势。工程项目在施工过程中应注重环境保护和资源节约，推动绿色施工和可持续发展。

在绿色施工方面，通过采用环保材料、节能技术和低污染施工方法，减少施工过程中的环境污染和能源消耗。同时，加强施工现场的环境监测和管理，确保施工活动符合环保法规和标准。

在可持续管理方面，通过优化资源配置、提高施工效率、降低废弃物排放等措施，实现工程项目的经济效益、社会效益和环境效益的协调发展。此外，还应注重与当地社区的沟通和协作，推动项目与当地环境的和谐共生。

（三）协同与精益化管理

协同与精益化管理是施工组织管理创新的又一重要方向。通过加强项目各方的协同合作和精细化管理，可以提高项目的整体效益和竞争力。在协同管理方面，通过建立有效的沟通机制和协作平台，加强项目各方之间的信息共享和资源整合，形成合力，推动项目的顺利实施。同时，加强项目团队的建设和培训，提高团队成员的专业素养和协作能力，为项目的成功实施提供有力保障。

在精益化管理方面，通过引入精益管理的理念和方法，对施工过程进行精细化控制和优化。通过消除浪费、提高效率、降低成本等措施，实现项目的高质量、高效率、低成本运行。同时，注重对施工过程的持续改进和创新，推动施工组织管理的不断优化和升级。

（四）模块化与标准化管理

模块化与标准化管理是施工组织管理创新的另一重要趋势。通过采用模块化设计和标准化施工方法，可以提高施工效率和施工质量，降低管理成本。

在模块化设计方面，通过将工程项目分解为若干个独立的模块，实现模块的预制和组装施工。这种方式可以缩短施工周期、减少现场作业量、提高施工质量。同时，模块化的设计还有助于实现工程项目的快速复制和扩展，提高项目的可复制性和可扩展性。

在标准化施工方法方面，通过制定统一的施工标准和操作流程，规范施工人员的作业行为和管理人员的管理行为。标准化施工方法可以降低人为因素对施工过程的影响，提高施工质量和效率。同时，标准化施工方法还有助于降低培训成本和提高施工人员的技能水平，为项目的顺利实施提供有力保障。

（五）集成化与创新驱动管理

集成化与创新驱动管理是施工组织管理创新的重要方向之一。集成化管理强调将项目管理的各个环节进行有效整合，形成一个统一、高效的管理体系；而创新驱动管理则注重通过引入新技术、新工艺和新理念，推动施工组织管理的创新和发展。

在集成化管理方面，通过整合项目管理信息系统、物资管理系统、人力资源管理系统等多个子系统，实现项目管理信息的全面集成和共享。这有助于提高管理效率、降低管理成本，并提升项目管理的协同性和整体性。

在创新驱动管理方面，通过积极引入新技术、新工艺和新理念，推动施工组织管理的创新。例如，利用 BIM 技术进行三维建模和虚拟施工，提高施工方案的优化水平；利用物联网技术对施工现场进行实时监控和管理，提高施工过程的可控性和安全性；利用人工智能技术进行数据挖掘和分析，为管理决策提供有力支持。

第三章　施工组织设计的编制与实施

第一节　施工组织设计的编制流程

一、施工组织设计的编制准备

施工组织设计是工程项目实施过程中的一项重要工作，它对于确保施工过程的顺利进行、提高施工效率、降低成本以及保障施工质量和安全具有至关重要的作用。因此，在编制施工组织设计之前，必须做好充分的准备工作。

（一）明确编制目的和原则

在编制施工组织设计之前，首先要明确编制的目的和原则。编制目的通常包括确保施工过程的顺利进行、提高施工效率、降低成本、保障施工质量和安全等。编制原则包括科学性、合理性、可行性、经济性等。明确编制目的和原则有助于指导整个编制过程，确保施工组织设计的针对性和实用性。

（二）深入了解工程项目

编制施工组织设计前，必须对工程项目进行全面深入的了解。这包括了解工程项目的规模、特点、施工条件、技术要求等。通过现场勘查、查阅相关资料等方式，收集工程项目的详细信息，为编制施工组织设计提供准确的数据支持。

（三）分析施工环境和资源条件

施工环境和资源条件是施工组织设计编制的重要依据。在编制准备阶段，需要对施工环境进行详细分析，包括地质条件、气候条件、交通状况等。同时，还要对施工所需的资源条件进行评估，包括材料、设备、人员等。通过分析施工环境和资源条件，为施工组织设计的编制提供有针对性的建议和措施。

（四）确定施工方法和工艺流程

施工方法和工艺流程是施工组织设计的核心内容。在编制准备阶段，需要根据工程项目的特点和施工要求，确定合理的施工方法和工艺流程。这包括选择适当的施工机械、确定施工顺序、安排作业时间等。同时，还要对工艺流程进行优化，提高施工效率和质量。

（五）制订施工计划和进度安排

施工计划和进度安排是施工组织设计的重要组成部分。在编制准备阶段，需要根据工程项目的规模和施工要求，制订合理的施工计划和进度安排。这包括确定各个阶段的施工任务、时间节点和关键路径等。通过制订详细的施工计划和进度安排，可以确保施工过程的顺利进行，避免工期延误和资源浪费。

（六）组建编制团队和明确职责分工

施工组织设计的编制是一项复杂而烦琐的工作，需要组建专业的编制团队来完成。在编制准备阶段，应明确编制团队的组成和分工。编制团队应包括项目经理、技术负责人、安全负责人等相关人员，他们应具备丰富的工程经验和专业知识，能够确保施工组织设计的科学性和实用性。同时，要明确团队成员的职责和分工，确保各项工作的顺利进行。

（七）收集相关资料和借鉴成功经验

在编制施工组织设计之前，还应收集相关资料并借鉴成功经验。这包括查阅类似工程项目的施工组织设计案例、了解行业内的先进技术和管理经验等。通过借鉴成功经验，可以避免在编制过程中走弯路，提高编制效率和质量。

（八）开展技术研讨会和专家咨询

技术研讨会和专家咨询是施工组织设计编制准备过程中的重要环节。通过组织技术研讨会，可以邀请相关领域的专家和技术人员就施工组织设计的关键问题进行深入探讨和交流。同时，还可以邀请专家进行咨询，对编制过程中的疑难问题进行解答和指导。这有助于确保施工组织设计的科学性和可行性。

（九）制订风险应对策略和应急预案

在工程项目实施过程中，可能会遇到各种风险和突发事件。因此，在编制施工组织设计时，应充分考虑风险因素，制订相应的应对策略和应急预案。这包括识别潜在的风险源、评估风险的影响程度、制定风险应对措施等。通过制定风险应对策略和应急预案，可以提高工程项目应对风险和突发事件的能力，保障施工过程的顺利进行。

（十）总结与持续改进

施工组织设计的编制准备是一个持续的过程，需要不断总结经验和教训，进行持续改进。在编制准备阶段结束后，应对整个准备过程进行总结和反思，找出存在的问题和不足之处，并提出相应的改进措施。同时，还要关注行业动态和技术发展，及时更新和完善施工组织设计的内容和方法。

二、施工组织设计的编制步骤

施工组织设计是工程项目实施过程中一项至关重要的工作，它涵盖了施工过程的方方面面，从施工方法的确定到资源的调配，从施工进度的安排到质量的保障，都需要详尽而周密的规划。为了确保施工组织设计的科学性和实用性，必须按照一定的步骤进行编制。

（一）明确工程概况与编制依据

在编制施工组织设计之前，首先要明确工程概况，包括工程项目的性质、规模、特点、地理位置等基本信息。同时，还需确定编制依据，如设计图纸、技术规范、施工合同等，以确保施工组织设计符合工程要求和合同规定。

（二）确定施工目标

施工目标是施工组织设计的核心，它决定了整个施工过程的方向和重点。在确定施工目标时，应充分考虑工程项目的特点、施工条件、技术要求等因素，确保目标的科学性和合理性。施工目标通常包括质量目标、安全目标、进度目标、成本目标等，这些目标将贯穿于整个施工组织设计的编制过程。

（三）分析施工条件与资源

施工条件和资源是施工组织设计编制的基础。在这一步骤中，需要对施工现场的地理环境、气候条件、交通状况等进行深入分析，同时评估施工所需的人力资源、物质资源、机械设备等资源条件。通过分析施工条件和资源，可以为后续的施工方法和工艺流程的选择提供依据。

（四）选择施工方法与工艺流程

施工方法和工艺流程是施工组织设计的核心内容。在选择施工方法和工艺流程时，应根据工程项目的特点、施工条件、资源条件等因素进行综合考虑。要确保所选的施工方法和工艺流程既符合技术要求，又能提高施工效率和质量。同时，还应考虑施工过程中的安全环保要求，确保施工活动的顺利进行。

（五）制订施工进度计划

施工进度计划是施工组织设计中的重要组成部分。在制订施工进度计划时，应根据工程项目的规模和施工要求合理安排各个阶段的施工任务和时间节点。要确保进度计划的合理性和可行性，避免工期延误或资源浪费。同时，还应考虑施工过程中可能出现的风险因素，制定相应的应对措施。

（六）编制资源调配计划

资源调配计划是确保施工过程顺利进行的关键。在编制资源调配计划时，应根据施工进度计划和资源条件，合理安排人力、物资、设备等资源的调配。要确保资源的及时供应和有效利用，避免资源浪费和短缺。同时，还应考虑资源调配过程中的协调性和灵活性，以适应施工过程中可能出现的变化。

（七）制定质量保证措施

质量是工程项目的生命线。在制定质量保证措施时，应明确质量目标和要求，制定详细的质量控制标准和检验方法。同时，还应建立完善的质量管理体系，明确各级人员的质量职责和权限，确保施工过程中的质量控制工作得到有效落实。此外，还应加强质量监督和检查，及时发现和处理质量问题，确保工程质量符合设计要求。

（八）制定安全环保措施

安全环保是施工过程中的重要保障。在制定安全环保措施时，应充分考虑施工现场的安全风险和环保要求，制定相应的预防和应对措施。要加强施工现场的安全管理，建立安全责任制度，确保施工人员的安全和健康。同时，还应注重环保工作，采取有效措施减少施工对环境的影响，实现绿色施工。

（九）编制成本预算与成本控制计划

成本预算和成本控制是施工组织设计中不可或缺的一环。在编制成本预算时，应根据工程项目的规模和施工要求，合理估算各项费用，并制定相应的成本控制目标。在成本控制计划的编制中，要明确成本控制的方法和措施，确保施工过程中的成本得到有效控制。同时，还应加强成本分析和预测，及时发现和解决成本问题，确保项目经济效益的实现。

（十）编写施工组织设计文件

在完成以上步骤后，应将施工组织设计的成果整理成文件形式。施工组织设计文件应包括工程概况、编制依据、施工目标、施工条件与资源分析、施工方法与工艺流程、施工进度计划、资源调配计划、质量保证措施、安全环保措施及成本预算与成本控制计划等内容。文件的编写应清晰明了、逻辑严密，便于理解和执行。

（十一）审核与修改

施工组织设计文件编制完成后，应组织相关人员进行审核。审核过程中应重点关注施工方法的可行性、资源调配的合理性、进度计划的可行性及成本预算的准确性等。对于发现的问题和不足之处，应及时提出修改意见并进行修改完善。

（十二）审批与实施

经过审核和修改后的施工组织设计文件，应提交给上级主管部门或业主单位进行审批。审批通过后，施工组织设计文件即可作为工程项目施工的指导文件。在施工过程中，应严格按照施工组织设计的要求执行，确保施工活动的顺利进行和目标的顺利实现。

三、施工组织设计的审查与修改

施工组织设计作为工程项目实施过程中的重要指导性文件，其质量和准确性直接关系到工程项目的顺利进行和目标的达成。因此，在编制完成后，对施工组织设计进行严格的审查和修改显得尤为重要。

（一）审查的目的与意义

施工组织设计的审查是为了确保其符合工程实际情况，满足施工要求，提高施工效率和质量。通过审查，可以发现设计中存在的问题和不足，及时进行修改和完善，从而避免在施工过程中出现偏差和错误。审查的过程也是对设计思路和方法的检验和优化，有助于提高施工组织设计的整体水平。

（二）审查的主要内容

施工组织设计的审查内容涵盖多个方面，主要包括以下几个方面：

施工方法与工艺流程的审查：检查所选的施工方法和工艺流程是否符合工程特点和技术要求，是否能够保证施工质量和安全，同时考虑施工效率和经济性。

施工进度计划的审查：分析施工进度计划的合理性和可行性，检查关键节点的设置是否合理，考虑资源调配和工期安排的协调性。

资源调配计划的审查：评估资源调配计划的合理性，确保资源的及时供应和有效利用，避免资源浪费和短缺。

质量保证措施的审查：检查质量保证措施是否完善，是否能够确保施工质量的稳定和可靠，同时考虑质量控制的可行性和有效性。

安全环保措施的审查：分析安全环保措施是否到位，是否能够保障施工安全和环境保护，同时考虑措施的针对性和可操作性。

成本预算与控制的审查：评估成本预算的准确性和成本控制的有效性，确保施工过程中的成本控制在合理范围内。

（三）审查方法与步骤

在进行施工组织设计的审查时，应采用科学合理的方法和步骤，确保审查的全面性和准确性。

组建审查团队：组建由具有丰富经验和专业知识的审查人员组成的团队，确保审查工作的专业性和权威性。

制订审查计划：根据工程特点和审查内容，制订详细的审查计划，明确审查的时间节点和重点任务。

分阶段审查：按照施工组织设计的编制顺序，分阶段进行审查。对每个阶段的内容进行仔细分析，提出问题和建议。

综合评估与讨论：在分阶段审查的基础上，进行综合评估和讨论，形成审查意见和修改建议。

汇总与反馈：将审查意见和修改建议汇总整理，及时反馈给编制单位，以便其进行修改和完善。

（四）修改的原则与要求

根据审查意见和修改建议，对施工组织设计进行修改时，应遵循以下原则和要求：

针对性修改：针对审查中提出的问题和不足，进行有针对性的修改。确保修改内容能够解决实际问题，提高设计的科学性和合理性。

整体性考虑：在修改过程中，要充分考虑设计的整体性和协调性。确保修改后的内容与原设计保持一致，避免出现矛盾或不协调的情况。

简洁明了：修改后的内容应简洁明了，易于理解和执行。避免使用过于复杂和晦涩的表述方式，提高设计的可读性和可操作性。

遵循规范与标准：在修改过程中，应严格遵守相关的技术规范和标准。确保修改后的内容符合行业要求，提高设计的合规性和可靠性。

（五）审查与修改的注意事项

在进行施工组织设计的审查与修改时，还需注意以下事项：

保持沟通与协作：审查与修改过程中，编制单位与审查团队之间应保持密切的沟通与协作。及时交流意见和想法，共同解决问题，确保审查与修改工作的顺利进行。

注重实效性与可操作性：审查与修改是为了提高施工组织设计的实用性和可操作性。因此，在修改过程中应注重实效性和可操作性，避免过于理论化和抽象化的内容。

持续改进与提升：审查与修改是一个持续改进和提升的过程。在每次审查与修改后，应总结经验教训，不断完善和优化施工组织设计的编制方法和流程。

四、施工组织设计的最终确定

施工组织设计作为指导工程项目施工的关键性文件，其对于确保施工过程的顺利进行、提高施工效率、保障施工质量及控制施工成本等方面具有举足轻重的地位。在完成了施工组织设计的编制、审查与修改后，最终确定的步骤同样至关重要。

（一）最终确定前的准备工作

在确定最终的施工组织设计之前，需要充分做好准备工作。

收集相关资料：收集与工程项目相关的所有资料，包括设计图纸、技术规范、施工合同、地质勘察报告等，确保施工组织设计符合工程要求和合同规定。

汇总审查意见与修改建议：将审查阶段提出的所有意见和修改建议进行汇总整理，形成一份详细的清单，以便在最终确定时逐项核对。

评估施工条件与资源：对施工现场的地理环境、气候条件、交通状况等进行再次评估，确保施工组织设计与实际施工条件相符合。同时，对所需的人力资源、物资资源、机械设备等资源条件进行核查，确保资源的充足性和可用性。

（二）施工组织设计的完善与优化

在准备工作完成后，需要对施工组织设计进行进一步的完善与优化。这主要包括以下内容：

针对审查意见进行修改：根据汇总的审查意见与修改建议，对施工组织设计进行逐项修改。确保设计内容符合技术规范和施工要求，同时提高设计的合理性和可行性。

优化施工方法与工艺流程：结合工程特点和施工条件，对施工方法和工艺流程进行进一步优化。通过引进新技术、新工艺，提高施工效率和质量，降低施工成本。

调整施工进度计划：根据资源条件和工期要求，对施工进度计划进行合理调整。确保关键节点的设置合理，资源的调配和工期安排协调一致。

强化质量保证与安全管理措施：在完善施工组织设计时，应进一步强调质量保证和安全管理的重要性。制定更为严格的质量检验和验收标准，加强施工现场的安全监管和隐患排查，确保施工质量和安全得到有效保障。

（三）最终确定的决策过程

在完善与优化工作完成后，进入最终确定的决策过程。这一过程需要综合考虑多方面的因素，包括技术可行性、经济合理性、工期要求及施工条件等。具体步骤如下：

召开决策会议：组织相关专家、技术人员和管理人员召开决策会议，对施工组织设计进行最终审议。会议应就设计内容、施工方法、进度计划、质量保证措施等方面进行充分讨论和评估。

综合考虑各方意见：在决策会议上，应充分听取各方意见，包括施工单位的建议、业主单位的要求及专家的意见等。综合考虑各方利益和需求，形成最终的决策意见。

形成最终确定文件：根据决策会议的结果，对施工组织设计进行最终修改和完善，形成最终确定文件。该文件应包含详细的施工方案、工艺流程、进度计划、质量保证措施等内容，并注明最终确定的日期和批准人。

（四）最终确定后的实施与监督

施工组织设计最终确定后，即进入实施阶段。为确保设计的有效执行，需要做好以下工作：

宣贯与培训：将最终确定的施工组织设计文件下发给施工单位和相关人员，并进行宣贯和培训。确保施工人员充分了解设计内容和要求，掌握施工方法和工艺流程。

监督与检查：在施工过程中，加强对施工组织设计执行情况的监督和检查。定期对施工进度、质量、安全等方面进行评估和反馈，及时发现问题并采取相应措施进行整改。

动态调整与优化：根据施工过程中出现的实际情况和问题，对施工组织设计进行动态调整和优化。确保设计内容与实际施工情况相符合，提高施工效率和质量。

第二节　施工组织设计的审查与批准

一、施工组织设计的审查内容

施工组织设计作为工程项目实施过程中的重要指导性文件，其质量和准确性直接关系到工程项目的顺利进行和目标的达成。因此，对施工组织设计进行严格的审查至关重要。

（一）工程概况与施工条件的审查

首先，审查施工组织设计时应关注工程概况和施工条件的描述是否准确、完整。这包括工程项目的基本情况、建设规模、工程特点、地理位置、气候条件、交通状况等方面的内容。通过审查这些内容，可以了解工程的基本情况和施工环境，为后续审查提供基础数据和信息。

（二）施工方法与工艺流程的审查

施工方法与工艺流程是施工组织设计的核心内容，其审查应重点关注以下几个方面：

方法的合理性：审查所选用的施工方法是否符合工程特点和技术要求，是否能够保证施工质量和安全。同时，考虑施工方法的先进性和经济性，避免使用过时或低效的施工方法。

工艺流程的连贯性：审查施工工艺流程是否清晰、连贯，各道工序之间的衔接是否紧密。确保工艺流程的顺畅进行，避免施工过程中的中断和延误。

关键技术的可行性：对于涉及关键技术的施工方法和工艺流程，应重点审查其可行性。这包括技术参数的确定、操作要点的掌握及风险控制措施的实施等方面。

（三）施工进度计划的审查

施工进度计划是施工组织设计中的重要组成部分，其审查应关注以下几个方面：

工期的合理性：审查施工进度计划中的工期安排是否合理，是否符合合同要求和业主期望。同时，考虑工期安排的紧凑性和灵活性，避免工期过长或过短导致的资源浪费或进度延误。

关键节点的设置：审查施工进度计划中的关键节点是否设置得当，是否能够反映工程施工的重要阶段和关键环节。确保关键节点的控制和管理能够有效推动工程进展。

资源调配的协调性：审查施工进度计划中的资源调配是否协调，是否能够保障施工的连续性和稳定性。考虑人力、物力、财力等资源的合理配置和有效利用，避免资源短缺或浪费现象的发生。

（四）资源计划的审查

资源计划是施工组织设计中关于资源调配和使用的规划，其审查应关注以下几个方面：

资源的充足性：审查资源计划中各类资源的数量和质量是否满足施工需求，是否能够保证施工的顺利进行。同时，考虑资源的来源和供应渠道是否可靠，避免资源短缺或供应不足的情况。

资源使用的合理性：审查资源计划中各类资源的使用是否合理，是否能够避免浪费和损失。考虑资源的优化配置和高效利用，提高资源的使用效率和经济效益。

资源调配的灵活性：审查资源计划中资源调配的灵活性，是否能够根据施工进度的变化及时调整资源的使用和分配。确保资源调配的灵活性和适应性，以应对施工过程中的不确定因素。

（五）质量保证与安全环保措施的审查

质量保证与安全环保措施是施工组织设计中关于工程质量和安全环保方面的规划，其审查应关注以下几个方面：

质量保证体系的完善性：审查质量保证体系中各项措施是否完善，是否能够保证施工质量的稳定和可靠。同时，考虑质量控制点的设置和检验方法的选择是否合理，能够有效监控施工质量。

安全环保措施的针对性：审查安全环保措施是否针对工程特点和施工环境制定，是否能够保障施工安全和环境保护。考虑安全措施的有效性和环保措施的可行性，降低施工风险和环境污染。

应急预案的完备性：审查应急预案是否完备，是否能够应对突发事件和紧急情况。考虑应急资源的储备和应急响应机制的建立，确保在紧急情况下能够及时、有效地进行处置。

（六）成本预算与控制的审查

成本预算与控制是施工组织设计中关于成本控制和经济效益方面的规划，其审查应关注以下几个方面：

成本预算的准确性：审查成本预算中的各项费用是否准确、合理，是否能够真实反映工程成本。同时，考虑预算中的可变因素和风险因素，避免预算超支或成本失控的情况。

成本控制的有效性：审查成本控制措施是否有效，是否能够实现对工程成本的合理控制。考虑成本控制的方法和手段是否科学、合理，能够降低成本、提高效益。

经济效益的评估：审查施工组织设计是否考虑了经济效益的评估，是否能够实现工程投资的最大化收益。考虑工程成本与收益的平衡点，确保工程的经济效益和社会效益的协调统一。

二、施工组织设计的审查程序

施工组织设计作为工程项目管理的重要组成部分，其审查程序的规范性和严谨性对于确保设计质量、优化资源配置、提升施工效率具有重要意义。

（一）审查前的准备工作

在进行施工组织设计审查前，应充分做好准备工作，确保审查工作的顺利进行。

收集相关资料：收集工程项目的相关文件、设计图纸、技术规范、施工合同等，以便全面了解工程项目的基本情况、技术要求和施工条件。

成立审查小组：组建由技术专家、施工经验丰富的工程师和相关管理人员组成的审查小组，明确各成员的职责和任务，确保审查工作的专业性和有效性。

制订审查计划：根据工程项目的规模和复杂程度，制订详细的审查计划，包括审查时间、地点、参与人员、审查内容等，确保审查工作有条不紊地进行。

（二）审查流程

审查流程是施工组织设计审查的核心环节，包括以下几个步骤：

初步审查：审查小组对施工组织设计进行初步审查，重点关注设计的完整性、合理性和合规性。对设计内容中的明显错误、遗漏或不符合要求的部分进行标注和记录。

分组审查：根据审查小组的成员特长和审查内容的专业性，将审查任务分解为若干个子项，由相应的小组成员进行分组审查。各小组应重点关注各自领域的专业问题，提出具体的审查意见和建议。

综合评议：各小组完成分组审查后，召开综合评议会议，对审查结果进行总结和讨论。各小组汇报审查情况，提出审查意见和建议，并进行充分的交流和讨论。最终形成统一的审查结论和建议。

汇总整理：审查小组将综合评议的结果进行汇总整理，形成审查报告。报告应详细列出审查中发现的问题、提出的意见和建议，以及相应的修改和完善要求。

（三）审查内容

施工组织设计的审查内容涵盖了多个方面，以确保设计的科学性和实用性。具体审查内容如下：

工程概况与施工条件：审查工程概况是否准确，施工条件是否考虑周全，包括地质、气候、交通等因素对施工的影响。

施工方法与工艺流程：审查施工方法和工艺流程是否合理、先进，是否能够满足工期、质量、安全等方面的要求。

施工进度计划：审查施工进度计划是否科学、合理，关键节点的设置是否得当，工期安排是否符合合同要求。

资源计划：审查资源计划是否满足施工需要，包括人力、材料、机械设备等资源的配置是否合理、充足。

质量保证与安全环保措施：审查质量保证体系是否完善，安全环保措施是否到位，是否符合相关法规和标准。

成本预算与控制：审查成本预算是否准确、合理，成本控制措施是否有效，能否实现经济效益最大化。

（四）审查后的处理

审查工作完成后，应对审查结果进行处理，确保施工组织设计得到优化和完善。具体处理措施如下：

反馈意见：将审查报告及时反馈给设计单位和施工单位，明确指出审查中发现的问题和不足，提出具体的修改和完善建议。

修改完善：设计单位和施工单位根据审查意见，对施工组织设计进行修改和完善。修改后的设计应重新提交审查，确保问题得到妥善解决。

跟踪监督：审查小组对修改后的施工组织设计进行跟踪监督，确保设计内容在实际施工中得到有效执行。同时，对施工过程中出现的问题进行及时分析和处理，为后续的工程项目提供经验借鉴。

（五）审查注意事项

在进行施工组织设计审查时，应注意以下几点：

保持客观公正：审查人员应保持客观公正的态度，遵循科学、规范、严谨的原则进行审查，避免主观臆断和偏见。

注重沟通协调：审查过程中，应注重与设计单位、施工单位等相关方的沟通协调，充分听取各方意见和建议，形成共识。

关注细节问题：审查时应关注施工组织设计中的细节问题，如数据准确性、图表清晰度、文字表述等，确保设计的完整性和规范性。

持续改进优化：审查工作不是一次性的任务，应贯穿于工程项目的全过程。随着施工进度的推进和实际情况的变化，应及时对施工组织设计进行审查和调整，确保其始终符合工程实际需要。

三、施工组织设计的批准流程

施工组织设计作为工程项目施工准备阶段的关键文件，其批准流程的规范性和严谨性对于确保设计质量、指导施工实施具有重要意义。

（一）流程设计

施工组织设计的批准流程设计应遵循科学、合理、高效的原则，确保流程的顺畅性和有效性。一般而言，批准流程包括以下步骤：设计编制、内部审查、修改完善、专家评审、最终批准等环节。每个环节都有明确的任务和要求，确保施工组织设计的质量得到严格控制。

（二）参与人员

在批准流程中，涉及多个参与人员，包括设计编制人员、内部审查人员、专家评审组成员、项目负责人及决策层等。各层级参与人员应明确自己的职责和任务，积极参与到批准流程中，共同推动施工组织设计的优化和完善。

（三）批准标准

批准标准是判断施工组织设计是否通过批准的重要依据。一般而言，批准标准包括以下几个方面：

设计内容是否完整、准确，是否符合工程实际情况和施工条件；

施工方法和工艺流程是否合理、先进，是否能够满足工期、质量、安全等方面的要求；

资源计划是否满足施工需要，包括人力、材料、机械设备等资源的配置是否合理、充足；

质量保证与安全环保措施是否到位，是否符合相关法规和标准；

成本预算是否准确、合理，成本控制措施是否有效。

在审查过程中，若发现施工组织设计存在不符合批准标准的问题，应及时提出并要求设计编制人员进行修改完善。

（四）审查修改

审查修改是批准流程中的关键环节，需要审查发现的问题和不足进行修改完善。审查修改过程应遵循以下原则：

客观公正：审查人员应客观公正地对待审查结果，提出具有针对性的意见和建议。

细致全面：审查过程应细致全面，涵盖施工组织设计的各个方面，确保无遗漏。

及时沟通：审查人员与设计编制人员应及时沟通，就审查中发现的问题进行充分讨论，达成共识。

修改完善：设计编制人员应根据审查意见进行修改完善，确保施工组织设计符合批准标准。

（五）专家评审

专家评审是施工组织设计批准流程中的重要环节，通过邀请具有丰富经验和专业知识的专家进行评审，提高施工组织设计的科学性和实用性。专家评审应遵循以下程序：

组建评审专家组：根据项目特点和需要，选择具有相关领域经验的专家组成评审专家组。

提供评审材料：向评审专家组提供完整的施工组织设计文件及相关资料，确保专家充分了解项目情况。

进行评审会议：组织评审专家组进行会议评审，就施工组织设计的各个方面进行充分讨论和评估。

汇总评审意见：评审专家组应汇总各成员的评审意见，形成统一的评审结论和建议。

反馈评审结果：将评审结果及时反馈给设计编制单位和项目管理部门，作为修改完善施工组织设计的依据。

（六）最终批准

最终批准是施工组织设计批准流程的最后一个环节，由项目负责人或决策层根据审查修改和专家评审的结果，对施工组织设计进行最终决策。在最终批准前，应确保施工组织设计已满足以下要求：

所有审查意见已得到妥善处理，设计内容已完善并符合要求；

专家评审结论积极，认为施工组织设计具有科学性和实用性；

成本预算合理，经济效益评估可行；

其他相关方面已得到充分考虑和安排。

最终批准后，施工组织设计将作为指导工程施工的重要文件，具有法律效力。施工单位应严格按照批准后的施工组织设计进行施工，确保工程质量和安全。

（七）注意事项

在施工组织设计的批准流程中，还需注意以下事项：

保持流程的透明性和公开性，确保各方参与人员了解流程进展和决策依据；

及时处理流程中出现的问题和争议，避免影响批准进度和质量；

重视专家评审的意见和建议，充分利用专家的专业知识和经验；

在批准流程中加强沟通协调，确保各方意见得到充分表达和尊重；

定期对批准流程进行总结和优化，提高流程的效率和效果。

四、施工组织设计的变更管理

在工程项目实施过程中，由于各种因素的影响，往往需要对原定的施工组织设计进行变更。变更管理作为施工组织设计的重要环节，其有效实施对于确保工程顺利进行、控制成本、提高施工效率具有重要意义。

（一）变更管理的必要性

施工组织设计的变更管理较为重要，主要有以下几个方面的原因：

首先，工程项目在实施过程中往往受到多种不可预见因素的影响，如地质条件变化、政策调整、材料供应问题等，这些因素可能导致原定的施工组织设计无法继续执行，需要进行相应的变更。

其次，随着施工技术的不断进步和工程管理理念的更新，有时需要对原有的施工组织设计进行优化和完善，以提高施工效率、降低成本、提升工程质量。

最后，业主方或设计方的需求变更也是施工组织设计变更的常见原因。因此，变更管理是必要的，是工程项目管理中不可或缺的一环。

（二）变更管理流程

变更管理流程是确保变更管理有效实施的关键。一般而言，变更管理流程包括以下几个步骤：

提出变更申请：当需要变更施工组织设计时，相关方（如施工单位、设计单位、业主方等）应提出变更申请，并说明变更的原因、目的和具体内容。

变更申请审查：变更申请提交后，应组织相关部门和专业人员进行审查，评估变更的必要性和可行性。审查过程中应充分考虑变更对工程进度、成本和质量的影响。

制定变更方案：经过审查同意后，应制定详细的变更方案，包括变更的具体内容、实施步骤、所需资源等。方案制定过程中应充分征求各方意见，确保方案的合理性和可操作性。

变更方案审批：变更方案制定完成后，应提交给相关决策机构进行审批。审批过程中应重点关注变更方案的合规性、经济性和技术可行性。

实施变更：经审批同意后，应按照变更方案进行施工组织设计的变更实施。实施过程中应加强沟通协调，确保各方按照变更方案的要求进行配合和执行。

变更效果评估：变更实施完成后，应对变更效果进行评估，包括工程进度、成本和质量等方面的变化情况。评估结果应作为今后施工组织设计优化和改进的参考依据。

（三）变更管理原则

在进行施工组织设计的变更管理时，应遵循以下原则：

必要性原则：变更必须基于实际需要，避免无意义的变更。在提出变更申请时，应充分说明变更的必要性，确保变更的合理性。

经济性原则：变更应充分考虑经济效益，避免不必要的成本增加。在制定变更方案时，应进行成本效益分析，确保变更的经济性。

技术可行性原则：变更方案应具备技术可行性，符合施工技术和工程管理的要求。在制定和审查变更方案时，应充分考虑技术因素，确保方案的可行性。

沟通协调原则：变更管理涉及多方利益，应加强沟通协调，确保各方意见得到充分表达和尊重。在变更实施过程中，应加强与各方的沟通协作，确保变更的顺利实施。

（四）变更管理的注意事项

在进行施工组织设计的变更管理时，还应注意以下几点：

建立完善的变更管理制度：企业应建立健全的变更管理制度，明确变更管理的职责、流程和要求，为变更管理提供制度保障。

加强变更风险评估：在变更实施前，应对变更可能带来的风险进行评估，制定相应的应对措施，确保变更过程的安全可控。

注重变更文档管理：变更过程中产生的相关文档应妥善保存和管理，包括变更申请、变更方案、审批文件等，以便后续查阅和审计。

加强变更后的培训和交底：变更实施后，应对相关人员进行培训和交底，确保他们了解变更的内容和要求，能够按照新的施工组织设计进行施工。

第三节 施工组织设计的实施与监控

一、施工组织设计的实施计划

施工组织设计作为工程项目施工准备阶段的重要产物，不仅包含了工程项目的整体规划，还明确了施工过程中各项任务的具体安排和执行步骤。为确保施工组织设计的有效实施，制订一份详尽、科学的实施计划至关重要。

（一）实施计划的编制依据

施工组织设计的实施计划编制应依据以下几个方面：

施工组织设计文件：这是实施计划编制的基础，包含工程项目的整体布局、施工方法、工艺流程、资源计划等内容。

工程合同和招标文件：合同和招标文件明确了工程项目的具体要求、工期限制、质量标准等，是实施计划编制的重要依据。

现场实际情况：包括地形地貌、气候条件、交通状况等，这些因素将直接影响施工实施的具体安排。

相关法规和标准：遵守国家和地方的相关法规、标准，确保施工过程的合规性和安全性。

（二）实施目标

施工组织设计的实施计划应明确以下目标：

按时完成工程项目：按照合同和计划的要求，确保工程项目在规定的时间内完成。

保证工程质量：通过科学的施工方法和严格的质量控制，确保工程质量符合设计要求和相关标准。

控制工程成本：在保障工程质量和工期的前提下，通过合理的资源调配和成本控制，降低工程成本。

确保施工安全：严格遵守安全规章制度，采取有效的安全防护措施，确保施工过程中的安全无事故。

（三）任务分解

为确保施工组织设计的顺利实施，应对各项任务进行详细的分解。具体来说，任务分解应包括以下几个方面：

施工方法与工艺流程的确定：根据工程项目特点和施工条件，选择合理的施工方法和工艺流程，确保施工过程的顺利进行。

资源计划的制订：根据施工任务的需求，编制详细的资源计划，包括人力、材料、机械设备等资源的调配和使用安排。

质量保证与安全管理措施的实施：制定严格的质量保证和安全管理制度，明确各项措施的具体执行步骤和责任人，确保施工质量和安全得到有效控制。

进度控制与成本管理的执行：建立科学的进度控制和成本管理体系，对施工过程进行实时监控和调整，确保工程按计划推进，成本控制在合理范围内。

（四）时间安排

实施计划应明确各项任务的时间节点和工期要求。具体来说，时间安排应包括以下几个方面：

总工期安排：根据合同要求和工程实际情况，确定工程项目的总工期，并分解为各个阶段的工期目标。

关键节点控制：识别施工过程中的关键节点，制订详细的控制计划，确保关键节点任务按时完成。

施工进度调整：根据现场实际情况和进度偏差，及时调整施工进度计划，确保工程按计划推进。

（五）资源调配

资源调配是施工组织设计实施计划中的重要环节。在实施计划中，应明确各类资源的调配原则、方法和步骤，确保资源的及时供应和合理使用。具体来说，资源调配应包括以下几个方面：

人力资源调配：根据施工任务的需求，根据技能水平合理安排施工人员的数量，确保施工队伍的稳定性和高效性。

材料设备调配：根据施工进度和资源计划，及时采购和调配所需的材料和设备，确保施工过程的连续性。

（六）质量控制

质量是工程项目的生命线，因此，在实施计划中应特别强调质量控制的重要性。具体来说，质量控制应包括以下几个方面：

制订详细的质量检查计划：明确质量检查的标准、方法和频率，确保施工过程中的质量问题能够及时发现和处理。

建立质量责任体系：明确各级管理人员和操作人员的质量责任，确保质量管理工作得到有效落实。

加强质量培训和教育：增强施工人员的质量意识；提高施工人员的技能水平，确保他们能够在施工过程中严格遵守质量标准和要求。

（七）安全保障

安全是施工过程中的首要任务。在实施计划中，应制定严格的安全保障措施，确保施工过程中的安全无事故。具体来说，安全保障应包括以下几个方面：

制定安全管理制度：明确安全管理的目标、原则和方法，确保安全管理工作有序开展。

加强现场安全管理：对施工现场进行定期巡查和检查，及时发现和处理安全隐患。

提高安全意识：通过安全培训和教育，提高施工人员的安全意识和自我保护能力。

（八）沟通协调

沟通协调是施工组织设计实施计划中的重要环节。通过有效的沟通，可以确保各方之间的信息畅通，及时解决施工过程中的问题。具体来说，沟通协调应包括以下几个方面：

建立沟通机制：明确沟通的方式、频率和责任人，确保各方之间的信息能够及时传递和处理。

加强与业主方的沟通：及时向业主方报告施工进展情况，听取业主方的意见和建议，确保施工满足业主方的需求。

加强与设计方的沟通：与设计方保持密切联系，及时解决施工过程中的技术问题，确保施工符合设计要求。

二、施工组织设计的实施步骤

施工组织设计作为工程项目施工的核心指导文件，其有效实施对于确保工程质量、控制工程成本、保障施工安全以及按期完成工程任务具有至关重要的作用。

（一）施工准备阶段

在施工组织设计的实施过程中，施工准备阶段是至关重要的一环。这一阶段的主要任务如下：

组织施工队伍：根据施工组织设计的要求，组建具备相应技能和经验的施工队伍，确保施工任务能够得到有效执行。

物资准备：按照施工组织设计中的资源计划，提前采购和储备所需的材料、构件和机械设备，确保施工过程中的物资供应。

技术准备：对施工人员进行技术交底，明确施工方法和工艺流程，确保施工人员能够熟练掌握施工技术要求。

现场布置：根据施工组织设计的现场布置方案，合理划分施工区域，设置临时设施，为施工创造良好的作业环境。

（二）施工实施阶段

施工实施阶段是施工组织设计实施的核心阶段，具体步骤如下：

基础工程施工：按照施工组织设计的安排，先进行基础工程的施工，包括地基处理、基础浇筑等，确保基础工程的稳定性和承载能力。

主体结构施工：在基础工程完成后，按照施工组织设计的施工顺序，进行主体结构的施工，包括钢筋混凝土结构、钢结构等。施工过程中应严格按照施工方法和工艺流程进行操作，确保主体结构的施工质量。

装饰装修工程施工：主体结构施工完成后，进行装饰装修工程的施工，包括内外墙饰面、地面铺装、门窗安装等。这一阶段应注重细节处理，提升工程的整体美观度。

设备安装与调试：根据施工组织设计的安排，进行各类设备的安装与调试工作，确保设备能够正常运行并满足使用要求。

（三）进度控制与质量管理

在施工组织设计的实施过程中，进度控制和质量管理是两项至关重要的任务。

进度控制：根据施工组织设计中的进度计划，定期对施工进度进行检查和评估。如发现施工进度滞后，应及时分析原因并采取相应措施进行调整，确保工程能够按计划推进。

质量管理：在施工过程中，应严格按照施工组织设计中的质量要求进行施工。同时，加强质量检查和验收工作，确保每个施工环节都符合质量标准。对于发现的质量问题，应及时进行处理和整改，防止问题扩大化。

（四）成本控制与安全管理

成本控制和安全管理是施工组织设计实施过程中不可忽视的两个方面。

成本控制：在施工过程中，应严格按照施工组织设计中的成本计划进行成本控制。通过优化施工方案、提高施工效率、降低材料消耗等方式，实现对工程成本的有效控制。

安全管理：安全是施工过程中的首要任务。在施工过程中，应严格遵守安全规章制度，加强施工现场的安全管理。定期进行安全检查，及时发现和处理安全隐患，确保施工过程中安全无事故。

（五）施工总结与验收阶段

在施工组织设计的实施过程结束后，进入施工总结与验收阶段。

施工总结：对整个施工过程进行总结，分析施工过程中的经验教训，提炼成功的施工方法和措施，为今后的施工提供借鉴和参考。

工程验收：按照施工组织设计中的验收标准和程序，组织相关单位进行工程验收。对于验收中发现的问题，应及时进行整改和完善，确保工程达到设计要求和质量标准。

（六）沟通协调与信息管理

在施工组织设计的实施过程中，沟通协调与信息管理同样重要。

沟通协调：加强各方之间的沟通协调，确保施工过程中的信息畅通。定期召开施工例会，及时解决施工过程中的问题和矛盾，促进施工顺利进行。

信息管理：建立完善的信息管理系统，对施工过程中的各类信息进行收集、整理和分析。通过信息化手段提高施工管理的效率和水平，为施工决策提供有力支持。

三、施工组织设计的监控方法

施工组织设计作为工程项目实施的重要指导文件，其监控方法的科学性和有效性直接关系到工程项目的顺利进行和目标的达成。

（一）明确监控目标与原则

在进行施工组织设计的监控之前，首先需要明确监控的目标和原则。监控目标应围绕工程质量、进度、成本、安全等方面设定，确保施工过程符合设计要求，达到预期目标。监控原则应强调科学性、系统性、实用性和可操作性，确保监控方法能够准确反映施工实际情况，为决策提供依据。

（二）建立监控体系

组织架构：成立专门的监控小组，负责施工组织设计的实施监控工作。监控小组应由具备丰富经验和专业技能的人员组成，确保监控工作的专业性和有效性。

职责划分：明确监控小组各成员的职责和分工，确保监控工作能够有序进行。同时，建立责任追究机制，对监控工作中的失职行为进行追责。

监控流程：制定详细的监控流程，包括监控计划、监控方法、监控频率、监控结果处理等。确保监控工作能够按照既定流程进行，提高监控效率。

（三）实施过程监控

进度监控：通过对比实际进度与计划进度，分析进度偏差的原因，提出相应的调整措施。利用进度管理软件或工具，实时跟踪项目进度，确保工程按期完成。

质量监控：对施工现场进行定期和不定期的质量检查，确保施工质量符合设计要求。对关键工序和隐蔽工程进行重点监控，防止质量问题的发生。同时，建立质量问题反馈机制，及时处理和解决质量问题。

成本监控：对施工过程中的人工、材料、机械等成本进行实时监控，确保成本控制在预算范围内。对成本超支情况进行分析，找出原因并采取相应的控制措施。

安全监控：加强对施工现场的安全管理，确保施工过程中安全无事故。对施工现场进行定期安全检查，及时发现和处理安全隐患。同时，加强安全教育和培训，增强施工人员的安全意识。

（四）监控结果分析与反馈

数据收集与分析：对监控过程中收集到的数据进行整理和分析，提取有价值的信息。通过数据分析，发现施工过程中的问题和不足，为改进工作提供依据。

结果反馈：将监控结果及时反馈给相关部门和人员，确保问题得到及时处理和解决。同时，根据监控结果调整施工组织设计，优化施工方案和措施。

（五）持续改进与优化

总结经验教训：定期对监控工作进行总结，分析成功经验和不足之处。通过总结经验教训，提高监控工作的水平和效率。

优化监控方法：根据工程项目的特点和实际情况，不断优化监控方法。通过引入先进的监控技术和手段，提高监控的准确性和有效性。

加强团队建设：加强监控团队的建设和培训，提高团队成员的专业技能和素质。通过团队建设，增强团队的凝聚力和执行力，确保监控工作的顺利进行。

（六）信息化监控手段的应用

随着信息技术的不断发展，信息化监控手段在施工组织设计的监控中发挥着越来越重要的作用。通过利用信息技术，可以实现对施工过程的实时监控、数据分析和信息共享，提高监控的效率和准确性。例如，利用 BIM 技术进行三维建模和碰撞检测，可以实现对施工过程的可视化监控；利用物联网技术对施工现场进行智能化管理，可以实现对施工现场的实时监控和数据分析。

四、施工组织设计的调整与优化

施工组织设计作为工程项目施工的核心指导文件，其质量直接关系到工程项目的顺利实施和目标的达成。然而，在实际施工过程中，由于各种不可预见因素的影响，施工组织设计往往需要进行调整与优化，以适应实际施工情况的变化。

（一）调整与优化的必要性

在施工过程中，由于地质条件、气候条件、材料供应、设计变更等多种因素的影响，原定的施工组织设计往往难以满足实际施工要求。此时，对施工组织设计进行调整与优化就显得尤为重要。通过调整与优化，可以使施工组织设计更加符合实际施工情况，提高施工效率，降低施工成本，确保工程质量。

（二）调整与优化的原则

在进行施工组织设计的调整与优化时，应遵循以下原则：

科学性原则：调整与优化应基于科学的方法和手段，充分考虑工程项目的特点和实际情况，确保调整后的施工组织设计具有可行性和可操作性。

系统性原则：施工组织设计是一个系统工程，调整与优化时应从全局出发，综合考虑各个施工环节和各要素之间的相互作用和影响，确保整体优化。

灵活性原则：施工过程中不可预见因素较多，调整与优化应具有一定的灵活性，能够根据实际情况进行灵活调整，确保施工过程的顺利进行。

经济性原则：调整与优化应注重经济效益，通过优化施工方案和资源配置，降低施工成本，提高经济效益。

（三）调整与优化的方法

1. 施工进度调整与优化

针对施工过程中出现的进度滞后问题，可以采取以下措施进行调整与优化：

（1）分析进度滞后的原因，制定针对性的调整措施，如增加施工力量、优化施工顺序等。

（2）利用进度管理软件或工具，实时监控项目进度，及时发现并处理进度偏差。

（3）加强与相关方的沟通协调，确保资源供应和协作配合的顺畅进行。

2. 施工资源配置调整与优化

根据施工进度和实际需求，对施工资源进行合理配置和调整，具体方法如下：

（1）根据施工进度计划，提前预测和规划资源需求，确保资源的及时供应。

（2）优化资源配置方案，提高资源利用效率，降低资源浪费。

（3）加强材料、机械等设备的维护和保养，确保设备的正常运行和延长使用寿命。

3. 施工方案调整与优化

针对施工过程中的技术难题和不合理之处，对施工方案进行调整与优化，具体措施如下：

（1）引入先进的施工技术和方法，提高施工效率和质量。

（2）优化施工流程和工序安排，减少不必要的施工环节和等待时间。

（3）加强施工现场的安全管理和环境保护措施，确保施工安全和环保要求的达标。

（四）调整与优化的实施步骤

收集与分析信息：对施工过程中的实际情况进行收集和分析，包括进度、质量、成本等方面的数据和信息。通过数据分析，找出施工组织设计中存在的问题和不足。

制定调整与优化方案：根据收集到的信息和分析结果，制定针对性的调整与优化方案。方案应明确调整的目标、措施和实施步骤。

方案评审与决策：组织相关部门和专家对调整与优化方案进行评审和讨论，确保方案的可行性和有效性。根据评审结果，对方案进行必要的修改和完善。

方案实施与监控：按照调整与优化方案进行施工，同时加强对施工过程的监控和管理。确保各项措施得到有效执行，及时发现并处理施工过程中的问题。

效果评估与总结：对调整与优化后的施工组织设计进行效果评估，总结经验教训。通过效果评估，分析调整与优化的成效和不足，为今后的施工提供借鉴和参考。

（五）持续改进与提升

施工组织设计的调整与优化是一个持续的过程，需要在施工过程中不断进行。通过持续改进与提升，可以使施工组织设计更加完善和优化，提高施工效率和质量。因此，施工单位应加强对施工组织设计的研究和探索，不断引入新的理念和技术手段，推动施工组织设计的创新和发展。

第四节　施工组织设计的变更与调整

一、施工组织设计变更的原因分析

在工程项目实施过程中，施工组织设计作为指导施工的重要文件，其变更往往伴随着施工过程的推进而不可避免地发生。施工组织设计变更不仅涉及施工方案的调整，还可能影响到工程进度、成本和质量等多个方面。因此，深入分析施工组织设计变更的原因，对于优化施工方案、提高施工效率、降低施工成本具有重要意义。

（一）工程条件变化

工程条件的变化是施工组织设计变更的重要原因之一。工程条件的变化包括地质条件、气候条件、施工环境等方面的变化。例如，地质勘察阶段未能准确探明地下情况，导致实际施工中遇到不良地质条件，需要对原定的施工方案进行调整。此外，气候条件的变化也可能对施工组织设计产生影响，如暴雨、台风等恶劣天气可能导致施工进度受阻，需要变更施工计划。

（二）设计变更

设计变更也是导致施工组织设计变更的常见原因。在工程项目实施过程中，由于业主需求的变化、设计方案的优化或政策法规的调整等因素，往往需要对原设计进行变更。设计变更可能导致施工内容、施工顺序、施工方法等方面的变化，从而需要对施工组织设计进行相应调整。

（三）资源供应问题

资源供应问题也是施工组织设计变更的一个重要原因。资源供应问题包括材料、设备、劳动力等方面的供应不足或延迟。例如，由于材料供应商的原因导致材料供应不足，无法满足施工需求，此时需要对施工组织设计进行调整，以确保施工的顺利进行。同时，设备故障或维护不当也可能导致施工进度受阻，需要对施工方案进行优化。

（四）施工过程中的问题

施工过程中的问题也是导致施工组织设计变更的常见原因。这些问题包括施工质量不达标、安全事故频发、施工效率低下等。当施工过程中出现这些问题时，为了保障工程质量和安全，需要对施工组织设计进行调整和优化。例如，当发现施工质量不符合要求时，需要调整施工工艺或增加质量检测环节；当安全事故频发时，需要加强对施工现场的安全管理和监督，并可能调整施工方案以降低安全风险。

（五）技术与管理的进步

随着施工技术和管理方法的不断进步，原有的施工组织设计可能逐渐显露出其局限性。新技术的引入和管理方法的创新往往能够带来施工效率的提升和成本的降低。因此，为了充分利用新技术和管理方法的优势，施工单位可能需要对施工组织设计进行变更，以适应新的施工需求和环境。

（六）合同与法规的变化

合同条款的变更以及相关法规的调整也可能导致施工组织设计的变更。在工程项目实施过程中，合同双方可能会根据工程实际情况对合同条款进行协商和调整，这些调整可能涉及施工范围、工期、质量标准等方面，从而需要对施工组织设计进行相应变更。此外，政策法规的变化也可能对施工组织设计产生影响，施工单位需要密切关注政策、法规的动态，及时调整施工组织设计以符合新的政策、法规要求。

（七）沟通与协调问题

在工程项目实施过程中，各参与方之间的沟通与协调问题也可能导致施工组织设计的变更。由于施工涉及多个部门和单位，各方之间的信息传递和沟通可能存在不畅或误解的情况。这可能导致施工方案的调整或变更，以适应实际情况和各方需求。因此，加强沟通与协调，确保信息的准确传递和各方之间的密切配合，是减少施工组织设计变更的重要手段。

二、施工组织设计变更的处理流程

在工程项目实施过程中，由于多种因素的影响，施工组织设计往往需要进行变更。施工组织设计变更的处理流程是确保变更顺利实施、保障工程质量与进度的重要环节。

（一）变更申请阶段

当工程项目实施过程中出现需要变更施工组织设计的情况时，首先应由相关责任人或部门提出变更申请。变更申请应明确说明变更的原因、目的和具体内容，包括变更的施工方案、施工顺序、资源配置等方面的调整。同时，申请时应提供相关的技术资料和数据支持，以便后续审核和评估。

（二）审核批准阶段

变更申请提交后，应进入审核批准阶段。这一阶段的主要任务是对变更申请进行全面评估，确保其科学性和合理性。审核批准流程一般包括以下步骤：

技术部门审核：技术部门应对变更申请进行技术审查，评估变更对工程质量、安全、进度等方面的影响。审核人员应仔细分析变更内容，确保其符合相关标准和规范，并提出具体的审核意见。

经济部门审核：经济部门应对变更申请进行经济评估，分析变更对工程项目成本的影响。审核人员应综合考虑材料、设备、人工等成本因素，提出经济合理的变更方案。

管理层决策：在技术和经济部门审核的基础上，管理层应组织会议进行决策。会议应充分讨论变更申请的必要性和可行性，综合考虑各方面因素，最终做出是否批准变更的决策。

（三）实施调整阶段

一旦变更申请获得批准，即进入实施调整阶段。在这一阶段，施工单位应根据批准的变更方案，对施工组织设计进行相应调整，并制订相应的实施计划。实施调整流程一般包括以下步骤：

制订调整方案：施工单位应根据批准的变更方案，制订详细的调整方案。调整方案应明确变更的具体内容、实施步骤和时间节点，确保施工过程的顺利进行。

资源调配与准备：根据调整方案，施工单位应及时调配所需的材料、设备、劳动力等资源，确保资源的及时供应和合理配置。同时，应做好施工现场的安全防护和环境保护工作。

技术交底与培训：施工单位应对施工人员进行技术交底和培训，确保他们熟悉和掌握变更后的施工方案和技术要求。技术交底应详细、全面，确保施工人员能够正确理解并执行变更方案。

实施过程监控：在调整方案实施过程中，施工单位应加强对施工过程的监控和管理。应设立专门的监控人员，负责实时跟踪施工进度、质量和安全情况，及时发现并处理施工中的问题。

（四）监控与评估阶段

变更实施完成后，应进入监控与评估阶段。这一阶段的主要任务是对变更后的施工组织设计进行效果评估，总结经验教训，为后续工作提供借鉴和参考。监控与评估流程一般包括以下步骤：

效果评估：施工单位应对变更后的施工组织设计进行效果评估，分析变更对工程质量、进度、成本等方面的影响。评估结果应客观、准确，为后续工作提供数据支持。

经验总结：在评估的基础上，施工单位应总结经验教训，分析变更过程中存在的问题和不足。总结应深入、全面，提出改进措施和建议，为后续工程项目提供借鉴和参考。

文档归档：施工单位应将变更申请、审核批准文件、调整方案、实施记录等相关资料进行归档保存。归档资料应完整、规范，方便后续查阅和使用。

（五）持续改进与提升

施工组织设计变更的处理流程并非一次性完成，而应随着工程项目的推进和实际情况的变化而持续改进与提升。施工单位应加强对施工组织设计的研究和探索，不断引入新的理念和技术手段，提高施工组织设计的科学性和合理性。同时，应加强与相关方的沟通与协作，共同推动工程项目的顺利进行。

三、施工组织设计的调整策略

在工程项目实施过程中，由于外部环境和内部条件的不断变化，施工组织设计往往需要根据实际情况进行相应的调整。这些调整旨在确保施工过程的顺利进行，提高施工效率，降低施工成本，并保障工程质量与安全。

（一）调整原则

在进行施工组织设计调整时，应遵循以下原则：

科学性原则：调整应基于科学分析和合理判断，确保调整方案符合工程实际情况和客观规律。

安全性原则：调整过程中应始终关注施工安全，确保施工人员的生命安全和身体健康。

经济性原则：调整方案应综合考虑成本因素，力求在保证工程质量的前提下降低施工成本。

可行性原则：调整方案应具有可操作性，能够在实际施工中得到有效实施。

（二）调整内容

施工组织设计的调整内容主要包括以下几个方面：

施工方案的调整：根据工程实际情况和施工进度，对施工方法、施工顺序、施工进度等进行优化调整。

资源配置的调整：根据施工需要，对材料、设备、劳动力等资源进行重新配置，确保施工资源的充足和合理利用。

安全环保措施的调整：根据施工现场的安全环保要求，对安全设施、环保措施等进行调整和完善。

管理制度的调整：根据施工过程中的管理问题，对项目管理制度、责任分工等进行优化调整。

（三）调整方法

在进行施工组织设计调整时，可采用以下方法：

逐步调整法：根据工程实际情况，逐步对施工组织设计进行调整，确保调整的平稳进行。

试点调整法：选取部分施工段或关键工序进行试点调整，通过实践验证调整方案的可行性，再逐步推广至整个工程。

综合分析法：通过对工程条件、施工资源、进度要求等多方面因素的综合分析，确定施工组织设计的调整方向和重点。

专家咨询法：邀请相关领域的专家进行咨询和指导，借助专家的智慧和经验，提高调整方案的科学性和合理性。

（四）调整后的评估与监控

施工组织设计调整后，应进行相应的评估与监控，确保调整效果达到预期目标。

评估工作：对调整后的施工组织设计进行全面评估，包括施工效率、成本节约、工程质量、安全环保等方面。评估结果应客观、准确，以为后续的优化提供数据支持。

监控工作：加强对施工过程的实时监控，密切关注施工进度、质量、安全等方面的变化。如发现异常情况，应及时采取措施进行处理，确保施工过程的顺利进行。

反馈与改进：根据评估与监控结果，及时对施工组织设计进行反馈和改进。对于存在的问题和不足，应深入分析原因，提出改进措施和建议，不断优化施工组织设计。

（五）持续改进与动态管理

施工组织设计的调整并非一次性工作，而应随着工程项目的推进和实际情况的变化进行持续改进与动态管理。

建立完善的调整机制：制定施工组织设计调整的流程和规范，明确调整的原则、内容、方法和要求，确保调整工作的有序进行。

加强沟通与协作：加强项目各方之间的沟通与协作，及时共享信息、解决问题，形成合力，推动施工组织设计的优化调整。

引入先进技术与管理理念：积极引入先进的施工技术和管理理念，不断提高施工组织设计的水平和质量。

总结经验与教训：对施工组织设计调整过程中的经验教训进行总结和归纳，形成可复制、可推广的经验做法，为后续工程项目提供借鉴和参考。

四、施工组织设计调整后的效果评估

在工程项目实施过程中，施工组织设计的调整是一项至关重要的工作。通过对施工方案的优化、资源配置的改进以及安全环保措施的加强，施工组织设计的调整旨在提高施工效率、降低施工成本、保障工程质量与安全。然而，调整后的施工组织设计是否达到预期效果，需要进行全面的效果评估。

（一）施工效率评估

施工效率是衡量施工组织设计调整后效果的重要指标之一。通过评估施工周期、施工进度、劳动力利用率等方面的变化，可以判断施工组织设计调整对施工效率的影响。

首先，施工周期的变化是评估施工效率的重要指标。通过对比调整前后的施工周期，可以分析出调整方案对施工进度的影响。如果调整后的施工组织设计能够缩短施工周期，则说明调整方案在优化施工顺序、提高施工效率方面取得了显著成效。

其次，施工进度的稳定性也是评估施工效率的重要方面。通过实时监控施工进度，可以观察调整后的施工组织设计是否能够保持施工进度的稳定性。如果施工进度能够按照调整后的计划有序进行，且未出现大的波动和延误，则说明调整方案在提高施工效率方面发挥了积极作用。

最后，劳动力利用率的提高也是施工效率评估的重要内容。通过对比调整前后劳动力使用情况，可以分析出调整方案对劳动力资源的影响。如果调整后的施工组织设计能够合理安排劳动力资源，提高劳动力的使用效率，则说明调整方案在优化劳动力配置方面取得了良好效果。

（二）成本节约评估

成本节约是施工组织设计调整的重要目标之一。通过评估材料消耗、设备使用、人工成本等方面的变化，可以判断调整后的施工组织设计在成本节约方面的效果。

首先，材料消耗的降低是成本节约评估的重要指标。通过对比调整前后的材料使用情况，可以分析出调整方案对材料消耗的影响。如果调整后的施工组织设计能够减少材料浪费、降低材料损耗率，则说明调整方案在节约材料成本方面取得了显著成效。

其次，设备使用效率的提高也是成本节约评估的重要方面。通过优化设备配置、提高设备使用效率，可以降低设备使用成本。通过对比调整前后的设备使用情况，可以评估调整方案在设备成本节约方面的效果。

最后，人工成本的控制也是成本节约评估的重要内容。通过优化劳动力配置、提高劳动生产率，可以降低人工成本。通过对比调整前后的人工成本情况，可以分析出调整方案在人工成本节约方面的成效。

（三）工程质量评估

工程质量是评估施工组织设计调整后效果的关键指标。通过检查工程质量、分析质量事故原因、评估质量改进措施等方面的变化，可以判断调整后的施工组织设计在工程质量保障方面的效果。

首先，工程质量合格率的提高是评估工程质量的重要指标。通过对比调整前后的工程质量合格率，可以分析出调整方案对工程质量的影响。如果调整后的施工组织设计能够显著提高工程质量合格率，则说明调整方案在优化施工方案、提高施工质量方面取得了良好效果。

其次，质量事故率的降低也是工程质量评估的重要方面。通过对比调整前后的质量事故率，可以评估调整方案在预防质量事故方面的效果。如果调整后的施工组织设计能够有效降低质量事故率，则说明调整方案在加强质量管理和监控方面发挥了积极作用。

最后，质量改进措施的实施情况也是工程质量评估的重要内容。通过评估调整后的施工组织设计是否制定了有效的质量改进措施，并观察这些措施在实际施工中的执行情况，可以判断调整方案在持续改进工程质量方面的成效。

（四）安全环保评估

安全环保是施工组织设计调整后效果评估的重要方面。通过评估安全事故率、环保措施实施情况等方面的变化，可以判断调整后的施工组织设计在安全环保方面的效果。

首先，安全事故率是评估安全效果的重要指标。通过对比调整前后的安全事故率，可以分析出调整方案对施工安全的影响。如果调整后的施工组织设计能够显著降低安全事故率，则说明调整方案在加强安全管理和预防措施方面取得了显著成效。

其次，环保措施的实施情况也是安全环保评估的重要方面。通过评估调整后的施工组织设计是否制定了有效的环保措施，并观察这些措施在实际施工中的执行情况，可以判断调整方案在保护环境和减少污染方面的效果。

此外，施工过程中的噪声、扬尘等污染物的控制情况也是安全环保评估的重要内容。通过对比调整前后的污染物排放情况，可以评估调整方案在降低施工对环境影响方面的成效。

第四章 幕墙工程施工组织与管理

第一节 幕墙工程施工组织的原则与要求

一、幕墙工程施工组织的基本原则

幕墙工程作为现代建筑的重要组成部分，其施工组织设计的合理性、科学性和有效性直接关系到工程质量和施工进度。在幕墙工程施工组织过程中，遵循一定的基本原则是确保工程顺利进行、提高施工效率、保障施工质量的重要保障。

（一）安全性原则

安全性原则是幕墙工程施工组织的首要原则。在施工过程中，必须始终把安全生产放在首位，确保施工人员的生命安全和身体健康。为此，施工组织设计应充分考虑施工现场的安全条件，制定切实可行的安全施工方案，并加强施工现场的安全管理和监督。同时，施工人员应严格遵守安全操作规程，正确使用安全防护设施，确保施工过程中的安全稳定。

（二）科学性原则

科学性原则是幕墙工程施工组织设计的基础。施工组织设计应基于科学分析和合理判断，遵循工程建设的客观规律，确保施工方案的先进性和可行性。在制定施工组织设计时，应充分考虑工程特点、施工条件、技术水平和施工环境等因素，采用先进的施工技术和管理方法，提高施工效率和质量。

（三）经济性原则

经济性原则是幕墙工程施工组织设计的重要考虑因素。施工组织设计应在保证工程质量和安全的前提下，力求降低施工成本，提高经济效益。为此，应合理配置施工资源，优化施工方案，减少不必要的浪费和损失。同时，加强施工过程中的成本控制和预算管理，确保施工成本的可控性和合理性。

（四）可行性原则

可行性原则是幕墙工程施工组织设计的实际操作要求。施工组织设计应具有可操作性，能够在实际施工中得到有效实施。在进行施工组织设计时，应充分考虑施工现场的实际情况和施工队伍的技术水平，确保施工方案的实用性和可行性。同时，施工组织设计应具有一定的灵活性，能够适应施工过程中的变化和调整，确保施工的顺利进行。

（五）协调性原则

协调性原则强调幕墙工程施工组织过程中各要素之间的和谐与配合。在施工过程中，需要确保不同施工环节、不同施工队伍之间的紧密协作，以实现施工进度的整体推进。此外，施工组织设计还应考虑与业主、设计、监理等其他参建方的沟通协调，确保各方利益的均衡和工程目标的共同实现。

（六）标准化与规范化原则

标准化与规范化原则是保障幕墙工程施工质量的关键。在施工过程中，应遵循国家和行业的标准规范，确保施工操作的规范化和标准化。这有助于降低施工过程中的质量风险，提高施工质量的稳定性和可靠性。同时，标准化与规范化原则也有助于提高施工效率，减少不必要的沟通和协调成本。

（七）环保性原则

环保性原则是现代社会对幕墙工程施工组织的重要要求。在施工过程中，应充分考虑环境保护的要求，采取环保材料和环保施工方法，减少施工对环境的污染和破坏。同时，加强施工现场的环境管理和监测，确保施工活动符合环保法规和政策要求。

（八）持续改进原则

持续改进原则强调幕墙工程施工组织设计的动态优化。随着施工进度的推进和实际情况的变化，施工组织设计应不断进行调整和优化，以适应新的施工条件和需求。通过持续改进，可以不断提高施工效率、降低成本、提升质量，实现幕墙工程的可持续发展。

二、幕墙工程施工组织的具体要求

幕墙工程作为现代建筑的重要构成部分，其施工组织的具体要求直接关系到工程的顺利推进、质量的保障以及安全生产的实现。为确保幕墙工程的高效、优质和安全施工，施工组织需要满足一系列细致而具体的要求。下面将详细阐述幕墙工程施工组织的具体要求。

（一）施工前准备要求

施工图纸与方案审查：幕墙工程施工前，必须仔细审查施工图纸和施工方案，确保图纸与方案符合设计要求，同时考虑现场实际情况，避免施工过程中的设计变更。

材料与设备准备：根据施工方案，提前准备所需的幕墙材料、施工设备和工具，确保材料质量合格、设备性能稳定，满足施工需要。

人员组织与培训：组织专业的施工队伍，并进行必要的培训，确保施工人员熟悉幕墙施工工艺、安全操作规程和质量标准。

现场勘查与布置：对施工现场进行勘查，了解地形地貌、气候条件等，合理规划施工区域、道路和临时设施，确保施工顺利进行。

（二）施工过程控制要求

施工技术管理：严格按照施工图纸和施工方案进行施工，确保施工工艺的准确性和规范性。加强技术交底，确保施工人员明确施工要求和操作要点。

质量监控与检测：建立完善的质量监控体系，对施工过程进行全程跟踪和检测。对关键工序和隐蔽工程进行重点监控，确保施工质量符合设计要求和相关标准。

安全生产管理：严格遵守安全生产法规，制定并执行安全生产责任制度。加强施工现场的安全管理，设置安全警示标志，配备必要的安全防护设施。定期对施工人员进行安全教育和培训，增强安全意识。

进度控制与管理：制订合理的施工进度计划，并根据实际情况进行动态调整。加强施工进度的监控和管理，确保工程按期完成。

（三）施工后验收与总结要求

工程验收：幕墙工程施工完成后，按照相关标准和规定进行工程验收。对不合格部分进行整改，直至达到验收标准。

质量评估与总结：对幕墙工程的质量进行评估，总结施工过程中的经验教训。针对存在的问题和不足，提出改进措施和建议，为今后的施工提供参考。

（四）环境保护与文明施工要求

环境保护：在施工过程中，应严格遵守环保法规，采取措施减少施工对环境的影响。合理安排施工时间，避免在夜间或大风天气开展噪声和扬尘较大的施工活动。对施工现场进行绿化和美化，营造良好的施工环境。

文明施工：加强施工现场的文明施工管理，保持施工现场的整洁和有序。施工人员应遵守社会公德，尊重当地居民的生活习惯，减少施工对周边居民的影响。

（五）沟通与协调要求

与业主的沟通：与业主保持密切沟通，及时汇报施工进度和质量情况，听取业主的意见和建议，确保工程满足业主的需求和期望。

与设计单位的协调：与设计单位保持紧密合作，解决施工过程中出现的设计问题。对设计变更进行及时沟通和确认，确保施工与设计的一致性。

与其他施工单位的配合：与其他施工单位建立良好的协作关系，确保施工过程中的相互配合和协调。合理安排施工顺序和交叉作业，避免施工冲突和干扰。

（六）资料管理与归档要求

施工资料收集：在施工过程中，及时收集并整理施工资料，包括施工图纸、施工方案、施工记录、质量检测报告等。

资料整理与归档：对收集到的施工资料进行整理、分类和归档，确保资料的完整性和可追溯性。建立资料管理制度，方便今后的查阅和使用。

三、幕墙工程施工组织的协调性

幕墙工程作为现代建筑的重要组成部分，其施工组织的协调性对于确保工程顺利进行、提高施工效率、保障施工质量具有至关重要的作用。在幕墙工程施工过程中，涉及多个施工环节、多个施工队伍及多种施工材料和设备，因此需要各个部门和环节之间密切配合、协同作战，以实现施工目标的顺利完成。

（一）幕墙工程施工组织协调性的重要性

保障施工进度：幕墙工程施工组织的协调性能够有效保障施工进度。通过合理安排施工顺序、优化施工流程、协调各个施工队伍的工作进度，可以确保施工任务按时完成，避免因协调不当导致的工期延误。

提高施工效率：协调性的施工组织能够减少施工过程中的资源浪费和重复劳动，提高施工效率。通过合理调配施工人员、材料和设备，实现资源的优化配置，降低施工成本，提高经济效益。

确保施工质量：协调性的施工组织有助于确保施工质量。在施工过程中，各个环节之间的紧密配合和协同作战能够减少施工误差和质量问题，提高施工质量的稳定性和可靠性。

增强施工安全性：协调性的施工组织还能够增强施工安全性。通过加强施工现场的安全管理和协调，确保各个施工环节之间的安全衔接，降低安全事故的发生概率，保障施工人员的生命安全和身体健康。

（二）幕墙工程施工组织协调性的实现途径

建立完善的协调机制：为确保幕墙工程施工组织的协调性，应建立完善的协调机制。这包括明确各部门的职责和权限，制订详细的施工计划和进度安排，建立有效的沟通渠道和信息共享平台，以便及时解决问题和调整施工计划。

强化施工现场的统一管理：施工现场的统一管理是实现协调性的关键。通过设立统一的施工指挥部或项目经理部，对施工现场进行全面协调和管理，确保各个施工队伍之间的有序配合和协同作战。同时，加强施工现场的监督和检查，及时发现和解决施工过程中的问题。

加强施工队伍之间的沟通与协作：施工队伍之间的沟通与协作是实现协调性的基础。在施工过程中，各施工队伍应保持良好的沟通，及时交流施工进展、问题和需求。通过定期召开施工协调会议、建立微信群等方式，实现信息的及时传递和共享。此外，加强施工队伍之间的协作精神，形成共同的目标和利益，有助于推动施工任务的顺利完成。

优化施工资源配置：优化施工资源配置是实现协调性的重要手段。在施工过程中，应根据施工计划和进度安排，合理调配施工人员、材料和设备。确保各个施工环节所需资源的及时供应和有效利用，避免因资源不足或浪费导致的施工延误和质量问题。

提高施工人员素质：施工人员的素质对于实现协调性具有重要影响。因此，应加强对施工人员的培训和教育，提高其专业技能，增强其协作意识。通过培训，使施工人员熟悉施工工艺、安全操作规程和质量标准，增强其责任感和使命感，为施工组织的协调性提供有力保障。

（三）幕墙工程施工组织协调性的案例分析

以某大型商业综合体幕墙工程为例，该工程在施工过程中注重施工组织的协调性。通过建立完善的协调机制、加强施工现场的统一管理、加强施工队伍之间的沟通与协作、优化施工资源配置及提高施工人员素质等措施，实现了施工进度的有效管理、施工效率的提高及施工质量的保障。同时，该工程还注重环保和文明施工，通过采取一系列措施减少了对周边环境的影响，获得业主和社会各界的广泛赞誉。

（四）幕墙工程施工组织协调性的持续改进

虽然通过一系列措施可以实现幕墙工程施工组织的协调性，但施工过程中的变化和挑战仍然存在。因此，持续改进是确保施工组织协调性的关键。施工组织者应定期评估施工过程中的协调效果，识别存在的问题和瓶颈，并制定相应的改进措施。此外，随着新技术和新方法的不断涌现，施工组织者应积极学习和应用新技术，提高施工组织的协调性和效率。

四、幕墙工程施工组织的灵活性

在现代建筑工程中，幕墙工程作为建筑外观的重要组成部分，其施工组织的灵活性对于应对施工现场的各种变化、确保工程顺利进行具有至关重要的作用。灵活性不仅体现在施工组织设计的适应性上，还表现在施工过程中的应变能力及资源调配的灵活性上。

（一）幕墙工程施工组织灵活性的重要性

应对施工现场变化：幕墙工程施工过程中，往往会遇到各种不可预见的情况，如设计变更、材料供应延迟、天气变化等。具备灵活性的施工组织能够迅速调整施工方案，应对这些变化，减少因变化带来的工期延误和质量问题。

提高施工效率：灵活的施工组织能够根据施工现场的实际情况，合理安排施工顺序和进度，优化施工流程，减少无效劳动和资源浪费，从而提高施工效率。

降低成本风险：通过灵活的施工组织，能够及时调整资源配置，避免资源闲置和浪费，降低施工成本。同时，灵活性也有助于应对市场价格的波动，降低成本风险。

提升施工质量：灵活的施工组织能够更好地适应施工过程中的各种变化，减少因施工不当或施工误差导致的质量问题。通过及时调整施工方案和工艺，确保施工质量的稳定性和可靠性。

（二）幕墙工程施工组织灵活性的实现途径

制定灵活的施工组织设计：在施工组织设计阶段，应充分考虑施工现场的各种可能变化，制定具有灵活性的施工方案，制订科学合理的进度计划。同时，建立应急预案，对可能出现的问题进行预先分析和处理，以便在实际情况发生时能够迅速应对。

加强现场管理与协调：施工现场的管理与协调是实现施工组织灵活性的关键。通过加强现场管理和协调，及时发现和解决施工过程中的问题，确保施工顺利进行。同时，建立有效的沟通机制，确保各施工队伍之间的信息畅通，实现资源共享和协同作战。

合理调配施工资源：施工资源的合理调配是实现施工组织灵活性的重要手段。在施工过程中，应根据施工进度的实际情况，及时调整施工人员的数量和技能结构，优化施工设备和材料的配置。同时，建立资源储备机制，以应对可能出现的资源短缺问题。

提高施工人员的应变能力：施工人员的应变能力对于实现施工组织灵活性具有重要意义。因此，应加强对施工人员的培训和教育，提高其应对变化的能力和素质。通过培训，使施工人员熟悉各种施工工艺和操作规范与流程，掌握应对变化的技巧和方法。

应用现代信息技术：现代信息技术在提高施工组织灵活性方面发挥着重要作用。通过应用现代信息技术，如 BIM 技术、物联网技术等，可以实现对施工现场的实时监控和数据分析，为施工组织提供及时、准确的信息支持。同时，利用信息技术建立信息共享平台，促进各施工队伍之间的信息交流和协作。

（三）幕墙工程施工组织灵活性的案例分析

以某高层建筑幕墙工程为例，该工程在施工过程中遇到了多次设计变更和材料供应延迟等问题。然而，由于施工组织设计具有灵活性，项目经理部迅速调整了施工方案和进度计划，通过加强现场协调和资源调配，确保了工程的顺利进行。同时，该工程还积极应用现代信息技术，建立了信息共享平台，实现了各施工队伍之间的实时沟通和协作，进一步提高了施工组织的灵活性。

（四）幕墙工程施工组织灵活性的持续改进

尽管可以通过上述途径实现幕墙工程施工组织的灵活性，但随着工程规模的不断扩大和施工技术的不断进步，新的挑战和问题也不断涌现。因此，持续改进是确保施工组织灵活性的关键。施工组织者应定期对施工过程中的灵活性进行评估和总结，识别存在的问题和不足，并采取针对性的改进措施。同时，关注行业动态和技术发展，积极引进新技术和新方法，提高施工组织的适应性和应变能力。

第二节　幕墙工程施工组织的策划与实施

一、幕墙工程施工组织的策划内容

幕墙工程施工组织的策划是确保施工活动顺利进行、优化资源配置、提高施工效率和质量的关键环节。它涵盖了从施工准备到竣工验收的整个过程，涉及多个方面，包括施工目标设定、施工方案的制订、施工资源的调配、施工进度的安排、施工质量的控制及施工安全的管理等。下面将详细阐述幕墙工程施工组织策划的主要内容。

（一）施工目标设定

施工目标设定是施工组织策划的首要任务。它需要根据工程特点、业主需求和施工条件，明确施工的质量、安全、进度和成本等目标。目标设定要具体、可量化，便于施工过程中的监控和评估。同时，目标设定还需要考虑与其他工程的协调配合，确保整个项目的顺利进行。

（二）施工方案的制订

施工方案是施工组织策划的核心内容，它直接关系到施工活动的具体实施。在制定施工方案时，需要充分考虑幕墙工程的结构特点、材料性能、施工工艺等因素，结合施工现场的实际情况，确定合理的施工方法、施工顺序和施工措施。同时，施工方案还需要考虑施工过程中的环境保护和文明施工要求，确保施工活动的可持续性。

（三）施工资源的调配

施工资源的调配是施工组织策划的重要环节。它需要根据施工方案的要求，合理调配施工人员、施工机械、施工材料等资源。在人员调配方面，要确保施工队伍的专业素质和技术水平满足施工要求；在机械调配方面，要选择合适的施工机械和设备，确保施工效率和施工质量；在材料调配方面，要严格控制材料的采购、运输和储存等环节，确保材料的质量和供应的及时性。

（四）施工进度的安排

施工进度的安排是施工组织策划的重要内容。它需要根据施工目标和施工方案，制订详细的施工进度计划。在进度安排过程中，要充分考虑各种可能的影响因素，如设计变更、材料供应延迟等，并制定相应的应对措施。同时，要建立有效的进度监控机制，定期对施工进度进行检查和评估，及时调整进度计划，确保施工活动的顺利进行。

（五）施工质量的控制

施工质量控制是施工组织策划的关键环节。它需要从材料进场、施工过程到竣工验收的各个环节进行严格控制。在材料进场环节，要对材料的质量进行严格把关，确保符合设计要求；在施工过程中，要加强对施工工艺和操作规程的监督检查，及时发现和纠正施工中的问题；在竣工验收环节，要严格按照相关标准和规范进行验收，确保工程质量达到设计要求。

（六）施工安全的管理

施工安全管理是施工组织策划不可忽视的一部分。它需要制定完善的安全管理制度和操作规程，明确各级人员的安全职责。在施工过程中，要加强安全教育和培训，增强施工人员的安全意识和提高施工人员的操作技能。同时，要定期进行安全检查，及时发现和消除安全隐患，确保施工活动的安全进行。

（七）应急预案的制定

应急预案的制定是施工组织策划中不可或缺的一部分。它需要根据工程特点和施工环境，制定针对可能出现的突发事件的应急措施。应急预案应包括人员疏散、设备停用、事故处理等方面的内容，以确保在突发事件发生时能够迅速、有效的应对，最大限度地减少损失。

（八）信息管理与沟通协调

在幕墙工程施工组织策划中，信息管理与沟通协调同样重要。建立有效的信息管理系统，实现施工信息的实时采集、传输和处理，有助于提高施工管理的效率和准确性。同时，加强各方之间的沟通协调，确保施工信息的畅通和共享，有助于解决施工过程中的问题和矛盾，促进施工活动的顺利进行。

（九）成本控制与效益分析

成本控制和效益分析是施工组织策划的最终目标。通过对施工过程中的各项费用进行严格控制，降低施工成本，提高经济效益。同时，对施工组织策划的效益进行分析，评估策划方案的实际效果，为后续工程提供经验和借鉴。

二、幕墙工程施工组织的实施步骤

幕墙工程施工组织的实施步骤是确保工程顺利进行、提高施工效率、保障施工质量与安全的关键环节。从施工准备到工程验收，每一步都需精细规划、严格执行。

（一）施工准备阶段

项目分析与评估：在幕墙工程开工前，必须对项目的整体情况进行深入分析和评估。这包括了解项目的规模、结构特点、材料要求及工期等关键信息。同时，要对施工现场的环境、交通状况等进行实地考察，为后续的施工组织提供基础数据。

制定施工组织设计：根据项目分析和评估结果，制定详细的施工组织设计。这包括确定施工方案、施工顺序、资源配置、进度安排等内容。施工组织设计应充分考虑现场实际情况，确保施工活动的合理性和可行性。

资源准备与调配：根据施工组织设计，提前准备所需的施工人员、施工机械、施工材料等资源。确保资源的数量和质量满足施工要求，并合理安排资源的进场时间和调配方式。

技术交底与安全培训：在施工前，组织技术交底会议，明确施工要求和技术标准。同时，对施工人员进行安全培训，提高安全意识，确保施工过程中的安全。

（二）施工阶段

基础施工：按照施工组织设计的要求，进行幕墙工程的基础施工。这包括安装预埋件、处理连接节点等。基础施工的质量直接关系到幕墙的稳定性和安全性，因此必须严格按照规范进行操作。

骨架安装：在基础施工完成后，进行幕墙骨架的安装。骨架的安装精度和质量对幕墙的整体性能有着重要影响。安装过程中，应严格控制骨架的垂直度、水平度和位置精度，确保骨架的稳定性和牢固性。

面板安装：骨架安装完毕后，进行幕墙面板的安装。面板的安装应遵循先下后上、先内后外的原则，确保安装的准确性和平整度。同时，要注意面板与骨架之间的连接方式和密封性，防止漏水和渗水现象的出现。

密封处理：面板安装完成后，进行密封处理。这包括在面板与骨架之间、面板与面板之间设置密封胶条或密封膏，确保幕墙的防水性和气密性。

细节处理与检查：在施工过程中，应注重细节处理，如处理连接部位的防锈、防腐等。同时，定期对施工成果进行检查，确保施工质量符合设计要求。

（三）施工管理与协调

进度管理：在施工过程中，应严格按照施工进度计划进行施工。定期对实际进度与计划进度进行对比，分析进度偏差的原因，并采取相应措施进行调整。确保工程按期完成，避免工期延误。

质量管理：加强施工过程中的质量管理，确保施工活动符合质量标准和规范要求。建立质量检查制度，定期对施工质量进行检查和评估。对于发现的质量问题，应及时整改，确保工程质量的稳定性和可靠性。

安全管理：安全是施工过程中的首要任务。应建立完善的安全管理制度和操作规程，加强安全教育和培训。定期对施工现场进行安全检查，及时发现和消除安全隐患。确保施工人员的安全和健康。

沟通与协调：在施工过程中，加强与业主、设计、监理等各方之间的沟通与协调。定期召开施工例会，及时解决施工过程中的问题和矛盾。确保各方之间的信息畅通，促进施工活动的顺利进行。

（四）工程验收与总结

工程验收：幕墙工程施工完成后，应组织相关单位进行工程验收。验收过程中，应严格按照相关标准和规范进行检查和测试。对于验收合格的部分，应及时办理移交手续；对于验收不合格的部分，应提出整改意见并要求限期整改。

总结与反馈：工程验收后，对施工组织的实施过程进行总结与反馈。分析施工过程中的成功经验和不足之处，提出改进措施和建议。同时，将施工组织的实施情况反馈给相关部门和人员，为后续工程提供经验和借鉴。

（五）持续改进与创新

随着幕墙工程施工技术的不断发展和工程规模的扩大，施工组织的实施步骤也应不断改进和创新。应关注行业动态和技术发展，积极引进新技术、新工艺和新材料，提高施工组织的效率和质量。同时，加强施工人员的培训和教育，提高其专业技能和综合素质，为施工组织的顺利实施提供有力保障。

三、幕墙工程施工组织的资源配置

在幕墙工程施工组织过程中，资源配置是一个至关重要的环节，它直接关系到工程实施的效率、质量和成本。合理的资源配置可以确保施工活动的顺利进行，提高施工效率，降低施工成本，保障工程质量。

（一）人力资源配置

人力资源是幕墙工程施工组织的核心资源。在人力资源配置方面，首先要根据工程规模、施工难度和工期要求，确定所需施工人员的数量和类型。这包括项目经理、技术负责人、施工员、安全员、质检员等各类专业人员，以及各类技术工人和辅助工人。其次要对施工人员进行合理的分工和安排，确保每个岗位都有合适的人员担任，充分发挥每个人的专业特长和优势。同时，要加强施工人员的培训和教育，提高其专业技能和综合素质，确保施工活动的顺利进行。

（二）物资资源配置

物资资源是幕墙工程施工组织的重要支撑。在物资资源配置方面，首先要根据施工图纸和工程计划，制订详细的物资需求计划，包括所需材料的种类、数量、规格和质量要求等。其次要选择信誉良好的供应商进行合作，确保所采购的材料质量可靠、价格合理。同时，要加强材料的进场检验和管理，确保材料的质量符合设计要求。最后，还要合理安排材料的储存和运输，确保材料在施工现场的安全和有效利用。

（三）技术资源配置

技术资源是幕墙工程施工组织的关键因素。在技术资源配置方面，首先要根据工程特点和施工要求，选择合适的施工技术和工艺。这包括幕墙的安装方法、连接方式、密封处理等关键技术环节。其次，要配备先进的施工机械和设备，提高施工效率和质量。同时，要加强技术人员的引进和培养，建立一支技术过硬、经验丰富的技术团队，为施工活动提供有力的技术支持。

（四）资金资源配置

资金资源是幕墙工程施工组织的保障。在资金资源配置方面，首先要根据工程预算和施工进度，制订详细的资金使用计划。这包括材料采购费、人工费、机械使用费、管理费等各类费用。其次，要确保资金的及时到位和合理使用，避免资金短缺或浪费。同时，要加强与业主和银行的沟通协调，争取更多的资金支持，确保工程的顺利实施。

除了以上四个方面，幕墙工程施工组织的资源配置还需要注意以下几点：

一是优化资源配置结构。在资源配置过程中，要充分考虑各种资源的相互关系和相互影响，实现资源的优化组合和高效利用。例如，在人力资源配置时，要充分考虑不同岗位之间的协作和配合，避免人力资源的浪费和冲突。

二是加强资源的动态管理。幕墙工程施工过程中，各种资源的需求和使用情况会随着工程进度的推进而发生变化。因此，要定期对资源配置情况进行检查和评估，及时调整和优化资源配置方案，确保资源的有效利用和工程的顺利进行。

三是提高资源利用效率。在资源配置过程中，要注重资源的节约和环保，采用先进的施工技术和设备，减少资源的消耗和浪费。同时，要加强施工现场的管理和监督，防止资源的损失和破坏。

四是建立资源共享机制。在幕墙工程施工组织过程中，不同施工单位或项目之间可能存在资源需求和利用上的重叠或互补关系。因此，可以建立资源共享机制，实现资源的共享和互补，提高资源利用效率和降低施工成本。

四、幕墙工程施工组织的协同管理

幕墙工程施工组织中的协同管理是一项复杂的系统工程，涉及多个方面和环节。有效的协同管理能够确保施工活动的顺利进行，提高施工效率，保障工程质量，降低施工成本。

（一）协同管理的意义

在幕墙工程施工过程中，涉及多个参与方，包括施工单位、设计单位、监理单位、材料供应商等。各方之间在信息共享、资源调配、进度控制等方面存在密切的联系和相互影响。因此，实施协同管理具有以下重要意义：

提高施工效率：通过协同管理，各方能够及时了解彼此的工作进展和需求，避免"信息孤岛"和重复劳动，从而提高施工效率。

保障工程质量：协同管理能够确保各方在施工质量、材料选用、技术标准等方面达成共识，形成合力，共同保障工程质量。

降低施工成本：通过优化资源配置、减少浪费、避免返工等协同管理方式，有助于降低施工成本，提高经济效益。

（二）协同管理的原则

目标一致性原则：各方应明确共同的目标，形成统一的施工计划和进度安排，确保施工活动的顺利进行。

信息共享原则：建立有效的信息共享机制，确保各方能够及时获取所需信息，加强沟通与合作。

互利共赢原则：在协同管理过程中，各方应相互支持、相互协作，实现共赢。

（三）协同管理的实施策略

建立协同管理组织体系：成立专门的协同管理小组，明确各方的职责和权限，形成有力的组织保障。

制定协同管理制度和规范：制定详细的协同管理制度和规范，明确各方的工作流程、协作方式和沟通渠道，确保协同管理的有序进行。

加强沟通与协调：定期组织召开协同管理会议，及时沟通工作进展、问题和需求，协商解决存在的问题，加强各方之间的协作与配合。

优化资源配置：根据施工需求，优化人力资源、物资资源和技术资源的配置，确保资源的合理利用和高效运转。

强化风险管理：对施工过程中可能出现的风险进行预测和评估，制定相应的应对措施，降低风险对协同管理的影响。

（四）协同管理的保障措施

提高人员素质：加强施工人员的培训和教育，提高其专业技能和综合素质，为协同管理提供有力的人才保障。

加强信息化建设：利用现代信息技术手段，建立信息共享平台，提高信息传递的效率和准确性，为协同管理提供技术支持。

完善激励机制：建立有效的激励机制，对在协同管理过程中表现突出的单位和个人进行表彰和奖励，激发各方的积极性和创造力。

强化监督检查：加强对协同管理实施情况的监督检查，及时发现问题和不足，督促各方进行整改和完善。

第三节 幕墙工程施工进度管理

一、幕墙工程施工进度计划的制订

幕墙工程施工进度计划的制订是确保工程顺利进行、资源合理利用和按期交付的关键环节。下面是对幕墙工程施工进度计划制订的详细阐述，分为多个部分进行探讨。

（一）项目概述与需求分析

在制订幕墙工程施工进度计划前，必须对项目的整体情况进行深入了解和分析。这包括项目的规模、施工范围、技术要求、质量要求及工期要求等。同时，还需对施工现场的环境条件、资源配备情况、施工人员的技术水平等因素进行综合考虑。通过对这些信息的收集和分析，可以明确施工进度的制约因素和潜在风险，为后续进度计划的制订提供依据。

（二）进度计划的编制原则

合理性与科学性：进度计划应基于实际情况，结合工程特点和施工条件，合理安排各项施工任务的时间节点和资源投入。

灵活性与可调整性：考虑到施工过程中可能出现的各种不确定性因素，进度计划应具有一定的灵活性和可调整性，以便根据实际情况进行适时调整。

协调性与统一性：进度计划应与项目的其他计划（如质量计划、成本计划等）相协调，确保各项计划之间的统一性和互补性。

（三）进度计划的编制步骤

划分施工阶段与任务：根据幕墙工程的施工特点和工艺流程，将工程划分为若干个施工阶段和具体任务，明确各阶段的施工内容和要求。

确定关键线路与节点：通过分析各施工任务之间的逻辑关系和时间依赖关系，确定工程的关键线路和关键节点，这些是控制整个工程进度的关键节点。

编制施工进度横道图或网络图：利用横道图或网络图等工具，直观地展示各施工任务的时间安排和逻辑关系。横道图适用于简单的工程进度表示，而网络图则能更详细地反映任务之间的依赖关系和关键路径。

确定资源需求与配置：根据进度计划，确定各施工阶段所需的人员、材料、设备等资源需求，并制订相应的资源配置计划，确保施工过程中的资源供应充足且合理。

制定风险控制与应对措施：针对可能出现的风险因素（如天气变化、材料供应延迟等），制定相应的风险控制和应对措施，以减轻风险对施工进度的影响。

（四）进度计划的优化与调整

时间优化：通过调整关键线路上的施工任务，压缩非关键线路上的施工时间，以缩短整个工程的工期。同时，也可以采用并行作业、交叉作业等方式，提高施工效率。

资源优化：根据资源供应情况和施工需求，合理安排资源的投入和使用，避免资源的浪费和短缺。同时，还可以考虑采用先进的施工技术和设备，提高施工质量和效率。

动态调整：在施工过程中，根据实际进度和变化情况，及时对进度计划进行动态调整。这包括调整施工任务的时间节点、资源投入和风险控制措施等，以确保工程能够按照新的计划顺利进行。

（五）进度计划的监控与反馈

进度监控：通过定期收集和分析施工进度数据，掌握工程的实际进度情况。这包括定期巡查施工现场、记录施工日志、统计工程量等方式。

进度对比与分析：将实际进度与计划进度进行对比，分析进度偏差的原因和影响。对于出现的施工进度滞后问题，应及时找出原因并采取相应的补救措施。

进度反馈与调整：将进度监控和分析的结果及时反馈给相关部门和人员，并根据实际情况对进度计划进行必要的调整。同时，还可以通过召开进度会议等方式，加强各方之间的沟通与协作，共同推动工程的顺利进行。

二、幕墙工程施工进度的监控与调整

幕墙工程施工进度的监控与调整是确保工程按时交付、质量可控的重要环节。在施工过程中，由于各种因素的影响，实际进度与计划进度之间可能会产生偏差，因此需要对施工进度进行实时监控，并根据实际情况及时调整进度计划。

（一）施工进度的实时监控

施工进度的实时监控是通过定期收集和分析施工数据，了解工程实际进展情况，并与计划进度进行对比，以便及时发现并处理进度偏差。

首先，应建立有效的进度监控机制。这包括明确监控的目标、范围和方法，制订详细的监控计划，并确定监控的责任人和执行者。同时，应建立相应的数据收集和分析系统，以便及时、准确地获取施工进度数据。

其次，通过定期巡查施工现场、记录施工日志、统计工程量等方式，收集施工进度的实际数据。这些数据应包括各施工阶段的完成情况、到达关键施工节点的时间、资源投入情况等。同时，还应注意收集与进度相关的其他信息，如天气变化、材料供应情况等，以便更全面地了解施工进度的影响因素。

最后，将实际进度数据与计划进度进行对比分析。这包括比较各施工阶段的完成时间、到达关键施工节点情况等，找出进度偏差的原因和影响。对于出现的进度滞后问题，应及时进行预警和报告，以便采取相应的措施进行处理。

（二）施工进度的调整与优化

当发现实际进度与计划进度存在偏差时，需要及时对进度计划进行调整和优化，以确保工程能够按照新的计划顺利进行。

首先，分析进度偏差的原因。进度偏差可能由多种因素引起，如设计变更、材料供应延迟、施工人员技能不足等。通过对这些原因进行深入分析，可以找出问题的根源，为后续的调整措施提供依据。

其次，制定针对性的调整措施。根据进度偏差的原因和影响程度，制定相应的调整措施。这可能包括增加施工人员、调整施工顺序、优化施工方法、加强材料供应管理等。同时，还应注意调整措施的可行性和经济性，避免对工程的整体进度和质量产生负面影响。

再次，调整进度计划。在制定调整措施的基础上，对原有的进度计划进行调整。这包括重新安排施工任务的时间节点、优化关键线路上的施工顺序、调整资源投入等。在调整过程中，应注意保持计划的合理性和科学性，确保调整后的计划能够符合实际情况和工程要求。

最后，加强进度控制的措施。为了避免类似的进度偏差再次出现，应加强进度控制措施的落实。这包括加强施工现场的管理、提高施工人员的技能水平、加强与供应商的合作等。同时，还应建立有效的信息反馈机制，及时收集和反馈施工进度信息，以便对进度计划进行动态调整。

（三）施工进度监控与调整中的注意事项

在进行施工进度监控与调整时，需要注意以下几点：

首先，保持计划的灵活性和可调整性。由于施工过程中的不确定性因素较多，因此进度计划应具有一定的灵活性和可调整性。在制订计划时，应充分考虑各种可能出现的情况，并制定相应的应对措施。在调整计划时，也应根据实际情况进行适当的调整，避免过于僵硬或过于灵活。

其次，加强沟通与协作。施工进度监控与调整涉及多个部门和人员，因此需要加强各方之间的沟通与协作。这包括定期召开进度会议、建立信息共享平台、加强现场协调等。通过加强沟通与协作，可以及时发现并解决问题，加快施工进度监控与调整的效率和质量。

最后，注重数据的准确性和完整性。施工进度监控与调整的数据是制订和调整进度计划的重要依据，因此必须注重数据的准确性和完整性。在收集和分析数据时，应严格按照规定的方法和程序进行，避免数据的误差和遗漏。同时，还应建立数据审核机制，对数据进行定期检查和校验，确保数据的真实性和可靠性。

三、幕墙工程施工进度的风险识别与应对

幕墙工程作为现代建筑的重要组成部分，其施工进度的控制对于整个项目的成功至关重要。然而，在实际施工过程中，由于各种内外部因素的影响，施工进度往往面临着诸多风险。因此，有效识别并应对这些风险，对于确保幕墙工程的顺利进行具有重要意义。

（一）幕墙工程施工进度风险识别

风险识别是幕墙工程施工进度管理的首要任务，它涉及对潜在风险因素的识别和评估。在幕墙工程施工过程中，常见的风险因素主要包括以下几个方面：

自然风险：如地震、洪水等自然灾害，这些不可抗力因素往往会对施工进度造成严重影响。

技术风险：包括设计变更、施工难度增加、新材料或新技术的使用不当等，这些因素可能导致施工周期的延长。

管理风险：如施工组织不当、进度计划不合理、资源调配不当等，这些问题可能导致施工进度受阻。

经济风险：如原材料价格波动、资金短缺、劳务成本增加等，这些经济因素可能增加施工成本，影响施工进度。

为了有效识别这些风险，需要采取以下措施：

首先，建立风险识别机制，通过定期召开风险分析会议、开展现场调研等方式，收集和分析潜在风险因素。

其次，利用风险识别工具，如风险矩阵、敏感性分析等，对潜在风险进行定量和定性评估，确定风险等级和优先级。

最后，建立风险数据库，对识别出的风险进行记录和分类，为后续的风险应对提供依据。

（二）幕墙工程施工进度风险应对

针对识别出的施工进度风险，需要制定相应的应对措施，以确保工程的顺利进行。常见的风险应对措施包括以下几种：

规避风险：对于可预测且影响较大的风险，可以通过调整施工方案、更换材料或设备等方式进行规避。例如，针对恶劣天气风险，可以提前安排室内施工或采取临时防护措施，以减少天气对施工进度的影响。

减轻风险：对于无法完全规避的风险，可以通过加强现场管理、优化施工流程、提高技术水平等方式减轻其影响。例如，针对技术风险，可以加强施工人员的培训和技术指导，提高施工质量和效率。

分散风险：通过将风险分散到多个环节或多个参建单位，降低单一风险对整体进度的影响。例如，在材料采购方面，可以与多个供应商建立合作关系，确保材料供应的稳定性。

转移风险：通过合同安排或保险等方式将风险转移给第三方。例如，可以与保险公司签订保险合同，以应对可能出现的意外损失。

在实施风险应对措施时，还需要注意以下几点：

首先，确保应对措施的针对性和有效性。针对不同类型的风险，应采取不同的应对措施，确保措施能够切实解决问题。

其次，加强风险应对措施的监督和评估。定期对实施效果进行检查和评估，及时调整和优化措施，确保其能够持续发挥作用。

最后，建立风险应对机制。通过制定应急预案、建立快速反应机制等方式，提高应对突发风险的能力，确保施工进度不受影响。

（三）幕墙工程施工进度风险管理的持续优化

风险管理是一个持续的过程，需要随着工程进展和外部环境的变化不断调整和优化。为了提升幕墙工程施工进度风险管理的效果，可以采取以下措施：

首先，加强风险管理的制度化和规范化建设。制定完善的风险管理制度和流程，明确各级人员的职责和权限，确保风险管理工作有序开展。

其次，引入先进的风险管理工具和技术。利用信息技术手段，建立风险管理信息系统，实现风险的实时监控和预警。同时，积极采用新的风险管理理念和方法，提高风险管理的科学性和有效性。

最后，加强风险管理的培训和宣传。通过定期组织培训活动、开展风险意识教育活动，提高全体人员的风险管理意识和能力，形成全员参与风险管理的良好氛围。

四、幕墙工程施工进度的优化策略

幕墙工程作为现代建筑的重要组成部分，其施工进度的优化对于提升整体工程质量和效益具有重要意义。随着建筑行业的快速发展和市场竞争的加剧，优化幕墙工程施工进度已成为施工单位关注的焦点。

（一）施工前的进度规划与设计

施工前的进度规划与设计是优化幕墙工程施工进度的首要任务。在规划阶段，应充分考虑工程特点、施工条件、资源配置等因素，制订合理的进度计划。具体策略包括：

深入分析工程特点，明确施工难点和关键节点，确保进度计划的针对性和可操作性。

合理配置施工资源，包括人员、材料、设备等，确保施工过程中的连续性和高效性。

充分考虑天气、交通等外部因素对施工进度的影响，制定应对措施，降低风险。

此外，还可以采用先进的项目管理软件和技术手段，如 BIM 技术，进行施工进度模拟和优化，提高进度计划的科学性和准确性。

（二）施工过程中的进度控制与管理

施工过程中的进度控制与管理是优化幕墙工程施工进度的关键环节。在施工过程中，应采取有效措施，确保施工进度按照计划进行。具体策略如下：

加强施工现场管理，优化施工流程，提高施工效率。通过合理安排施工顺序、减少工序间的等待时间、采用先进的施工技术和工艺等手段，实现施工进度的快速提升。

建立健全进度监控机制，定期对施工进度进行检查和评估。通过现场巡查、进度报告等方式，及时了解施工进度的实际情况，发现偏差并采取相应措施进行调整。

加强沟通协调，确保各方协同作战。通过定期召开进度协调会议、建立信息共享平台等方式，加强施工单位、设计单位、监理单位等各方之间的沟通与协作，共同推动施工进度的顺利进行。

（三）技术创新与施工方法的改进

技术创新和施工方法的改进是优化幕墙工程施工进度的有效途径。随着科技的不断进步，新的施工技术和方法不断涌现，为幕墙工程施工进度的优化提供了技术支持。具体策略如下：

积极引进和应用新技术、新工艺和新材料，提高施工效率和质量。例如，采用预制装配式幕墙技术，可以大幅度减少现场加工和安装时间，加快施工进度。

推广智能化施工设备和技术，如自动化焊接设备、机器人喷涂系统等，降低人工操作难度和误差，提高施工精度和效率。

加强施工技术研发和创新，不断探索适用于不同工程特点和施工条件的优化策略和方法，为幕墙工程施工进度的优化提供持续动力。

（四）人员培训与团队建设

人员培训与团队建设是优化幕墙工程施工进度的重要保障。优秀的施工团队和高效的人员管理对于确保施工进度的顺利进行至关重要。具体策略如下：

加强施工人员技能培训，提高施工人员的专业技能和素质。通过定期举办培训班、开展技能竞赛等方式，提升施工人员的操作水平和安全意识，确保施工质量和安全。

建立完善的激励机制和奖惩制度，激发施工人员的积极性和创造力。通过设立奖励基金、评选优秀员工等方式，表彰先进、激励后进，形成良好的工作氛围和团队精神。

加强团队建设，促进团队之间的协作和沟通。通过组织团队建设活动、建立团队文化等方式，增强团队的凝聚力和向心力，提高团队的执行力和战斗力。

（五）质量与安全管理的强化

质量与安全管理的强化对于优化幕墙工程施工进度同样具有重要意义。在施工过程中，应始终坚持质量第一、安全至上的原则，确保施工进度的顺利进行。具体策略如下：

建立健全质量管理体系和安全生产责任制，明确各级人员的职责和权限，确保质量与安全管理的有效实施。

加强质量与安全检查，及时发现并处理质量问题和安全隐患。通过定期开展质量与安全检查、建立问题整改机制等方式，确保施工过程中的质量和安全得到有效控制。

加强质量与安全培训和教育，提高全体人员的质量意识和安全意识。通过举办安全知识讲座、开展应急演练等方式，增强施工人员的安全意识和应对突发事件的能力。

第五章 幕墙施工队伍与人员管理

第一节 幕墙施工队伍的组建与培训

一、幕墙施工队伍的组建原则与流程

幕墙工程作为现代建筑的重要组成部分，其施工质量和效率直接关系到整个项目的成功与否。因此，组建一支高效、专业的幕墙施工队伍显得尤为重要。

（一）幕墙施工队伍组建原则

幕墙施工队伍应具备丰富的施工经验和专业技能，能够熟练掌握幕墙工程的施工工艺和技术要求。在组建过程中，应注重选拔具有相关资质和经验的施工人员，确保施工队伍的整体素质和专业水平。

幕墙施工涉及多个环节和多个工种，需要不同专业背景的施工人员密切协作。因此，组建施工队伍时，应注重团队成员之间的沟通和协作能力，确保施工过程中能够形成合力，提高施工效率。

幕墙施工涉及高空作业、吊装作业等高风险环节，安全是首要考虑的因素。在组建施工队伍时，应强调安全意识，选拔具备安全意识和操作规范的施工人员，并加强安全教育和培训，确保施工过程中的安全稳定。幕墙工程项目往往具有多样性和变化性，施工队伍需要具备应对突发情况和变化的能力。因此，在组建施工队伍时，应注重培养团队成员的应变能力和灵活性，以便在项目实施过程中能够快速适应和应对各种变化。

（二）幕墙施工队伍组建流程

在组建幕墙施工队伍之前，首先需要明确项目的具体需求和任务。这包括了解项目的规模、工期、质量要求及幕墙类型和结构特点等。通过深入分析项目需

求，可以为施工队伍的组建提供有针对性的指导。根据项目需求，制定详细的施工队伍组建方案。这包括确定施工队伍的人员规模、专业构成、组织架构以及培训和教育计划等。同时，还需要考虑施工队伍的资源配置和后勤保障等方面的问题，确保施工队伍能够顺利组建并投入到项目施工中。

根据组建方案，开展施工队伍的人员选拔与招聘工作。通过发布招聘信息、筛选简历、组织面试等方式，选拔具备相关资质和经验的施工人员。在选拔过程中，应注重考查应聘者的专业技能、协作能力、安全意识以及应变能力等方面，确保选拔出的人员能够胜任幕墙施工工作。将选拔出的人员按照组建方案进行分组和分工，形成完整的施工队伍。在团队组建过程中，应注重加强团队成员之间的沟通和协作能力，通过组织团队建设活动、开展技能交流等方式，促进团队成员之间的磨合和融合。同时，还需要建立明确的团队管理制度和奖惩机制，确保施工队伍能够高效运作。

针对施工队伍的特点和需求，开展针对性的培训和教育活动。这包括技术培训、安全培训、质量培训以及项目管理培训等方面。通过培训和教育活动，提高施工队伍的专业技能水平、安全意识和质量意识，为项目的顺利实施提供有力的保障。在施工队伍组建完成后，进行必要的施工准备工作。这包括制订详细的施工计划、准备施工设备和材料、搭建临时设施等。同时，还需要与业主、设计单位、监理单位等相关方进行沟通协调，确保施工过程中的协作和配合。在准备工作完成后，施工队伍正式进场施工。

在施工过程中，对施工队伍进行全程管理与监督。这包括施工进度控制、质量控制、安全管理以及沟通协调等方面。通过定期巡查、检查、考核等方式，确保施工队伍能够按照计划和要求进行施工，及时发现并解决问题，确保施工质量和安全。在项目施工结束后，对施工队伍的组建与运作过程进行总结与反馈。通过总结项目经验、分析存在的问题和不足、提出改进措施和建议等方式，不断完善施工队伍的组建流程和管理制度，为今后的项目施工提供有益的借鉴和参考。

二、幕墙施工队伍的人员配置与分工

幕墙施工队伍的人员配置与分工是确保幕墙工程顺利进行的关键环节。一份合理的人员配置与分工方案，能够充分发挥每个成员的专业技能，提高施工效率，保证工程质量。

（一）幕墙施工队伍人员配置原则

幕墙施工队伍的人员配置应根据项目的规模、工期、质量要求以及幕墙类型和结构特点等实际需求进行。确保每个施工环节都有足够的专业人员参与，避免出现人员不足或过剩的情况。在配置施工队伍时，应优先考虑具备丰富施工经验和专业技能的人员。这些人员能够熟练掌握幕墙工程的施工工艺和技术要求，为项目的顺利实施提供有力保障。

合理搭配工种与岗位。幕墙施工涉及多个工种和岗位，包括安装工、焊工、电工、质检员等。在配置施工队伍时，应注重不同工种和岗位之间的合理搭配，确保施工过程中能够形成有效的协作和配合。

（二）幕墙施工队伍人员分工

项目经理是幕墙施工队伍的核心人物，负责整个项目的组织、协调和管理。其主要职责包括制订施工计划、组建施工队伍、协调各方资源、监督施工进度和质量等。项目经理需要具备丰富的项目管理经验和良好的沟通协调能力，能够应对各种突发情况和变化。技术负责人负责幕墙工程的施工技术指导和质量管理工作。他们需要熟练掌握幕墙工程的施工工艺和技术要求，能够解决施工过程中的技术问题。同时，技术负责人还需要负责编制施工方案、组织技术交底、进行质量检查等工作。

安全员负责幕墙施工过程中的安全管理工作。他们需要制定安全施工方案、进行安全教育培训、监督施工现场的安全操作等。安全员需要具备高度的安全意识和责任心，能够及时发现和处理安全隐患，确保施工过程中的安全稳定。

材料员负责幕墙施工所需材料的采购、管理和发放工作。他们需要根据施工进度和计划，及时采购所需材料，确保施工现场的材料供应充足。同时，材料员还需要对材料进行分类、储存和保管，确保材料的质量和使用安全。

安装工是幕墙施工队伍中的主要劳动力，负责幕墙的安装工作。他们需要熟练掌握幕墙的安装工艺和技术要求，能够按照施工图纸和规范进行安装作业。安装工需要具备良好的团队协作能力和安全意识，能够与其他工种密切配合，确保安装质量和进度。

焊工和电工是幕墙施工中的特种作业人员，分别负责焊接和电气安装工作。他们需要具备相应的专业技能和资质证书，能够熟练掌握焊接和电气安装的技术要求。在施工过程中，焊工和电工需要严格按照安全操作规程进行操作，确保施工质量和安全。

质检员负责幕墙施工过程中的质量检查和验收工作。他们需要根据质量标准和验收规范，对施工过程进行全程监控和检查。质检员需要具备丰富的施工经验和敏锐的观察力，能够及时发现和处理质量问题，确保幕墙工程的施工质量符合要求。

（三）人员配置与分工的优化建议

为提高施工队伍的整体素质和专业技能水平，应定期组织人员培训和技能提升活动。通过培训和教育，使施工人员掌握最新的施工工艺和技术要求，提高施工效率和质量。根据项目实际情况和施工进度的变化，合理调整施工队伍的人员配置与分工。确保每个施工环节都有足够的专业人员参与，避免出现人员不足或过剩的情况。同时，根据实际情况灵活调整工种和岗位的搭配，提高团队协作效率。

为激发施工人员的积极性和创造力，应建立合理的激励机制与奖惩制度。通过设立奖励基金、评选优秀员工等方式，表彰先进、激励后进，形成良好的工作氛围和团队精神。同时，对于工作中出现的失误和违规行为，应给予相应的惩罚，并及时纠正失误或违规行为，确保施工队伍的整体素质和工作效率。

三、幕墙施工队伍的培训内容与方式

幕墙施工队伍作为现代建筑领域的重要力量，其专业技能和综合素质直接关系到幕墙工程的质量和安全。因此，对幕墙施工队伍进行系统的培训，提高其施工技能和安全意识，是确保幕墙工程顺利进行的关键环节。

（一）幕墙施工队伍培训的重要性

幕墙施工队伍的培训对于提高施工效率、保证工程质量、降低安全风险具有重要意义。通过培训，施工人员可以掌握最新的施工技术和工艺，了解行业标准和规范，提高施工操作的准确性和规范性。同时，培训还可以增强施工人员的安全意识，减少施工过程中安全事故的发生。此外，培训还有助于提升施工队伍的整体素质，增强团队协作能力和创新能力，为企业的长期发展奠定坚实基础。

（二）幕墙施工队伍培训内容

幕墙基础知识是施工人员必须掌握的基本内容，包括幕墙的种类、结构特点、材料性能等。通过培训，使施工人员对幕墙工程有全面的了解，为后续的施工操作奠定基础。施工技术和工艺是幕墙施工的核心内容。培训应涵盖幕墙安装、焊接、调试等各个环节的技术要求和操作规范。通过实践操作和案例分析，使施工人员熟练掌握施工技术和工艺，提高施工效率和质量。

安全教育是幕墙施工队伍培训的重要内容。培训应强调施工现场的安全管理、安全操作规程及应急处理措施等。通过安全教育和演练，增强施工人员的安全意识，提高应对突发情况的能力。质量管理和验收标准是确保幕墙工程质量的关键环节。培训应介绍质量管理的基本原则和方法，以及验收标准和流程。使施工人员了解质量控制的重要性和方法，确保施工过程中的质量稳定。

幕墙施工涉及多个工种和岗位的协作，良好的团队协作和沟通能力至关重要。培训应注重培养施工人员的团队协作意识和沟通能力，促进不同工种和岗位之间的有效配合，提高施工效率。

（三）幕墙施工队伍培训方式

理论授课是幕墙施工队伍培训的基本方式。通过邀请行业专家或资深施工人员进行授课，系统地介绍幕墙基础知识、施工技术与工艺等内容。同时，结合典型案例进行分析，使施工人员更直观地了解施工过程中的问题和解决方法。实践操作是幕墙施工队伍培训的重要环节。通过搭建模拟施工环境或利用实际工程项目进行实践操作，使施工人员亲身体验施工过程，掌握施工技术和工艺。同时，进行技能演练和考核，检验施工人员的操作水平和熟练程度。

随着信息技术的发展，线上培训成为幕墙施工队伍培训的新方式。通过建立线上学习平台或利用现有教育资源，为施工人员提供便捷的学习途径。施工人员可以利用业余时间进行自主学习，随时掌握最新的施工技术和行业动态。培训过程中应定期进行考核和反馈，以检验培训效果并及时调整培训方案。通过考核，了解施工人员的掌握程度和存在的问题，以便进行针对性的指导和帮助。同时，收集施工人员的反馈意见，不断改进培训内容和方式，提高培训效果。

（四）培训效果评估与持续改进

为确保培训效果的有效性和持续性，需要对培训效果进行评估，并根据评估结果进行持续改进。可以通过对施工人员的技能考核、工作表现评价以及项目质量反馈等方式，对培训效果进行量化评估。同时，根据评估结果，对培训内容、方式及周期进行调整和优化，以适应施工队伍的实际需求和行业发展变化。

四、幕墙施工队伍的培训效果评估与反馈

幕墙施工队伍作为现代建筑领域中不可或缺的一部分，其专业技能和综合素质对于确保幕墙工程的顺利进行具有重要意义。为提高施工队伍的整体素质和工作效率，企业通常会组织各种培训活动。然而，仅仅进行培训并不意味着培训效果一定能够达到预期目标，因此，对培训效果进行评估与反馈显得尤为重要。

（一）培训效果评估的重要性

培训效果评估是检验培训活动是否达到预期目标的重要手段。通过评估，企业可以了解施工队伍在培训前后的变化，包括技能提升、知识掌握、态度转变等方面。同时，评估结果还可以为企业未来的培训规划提供重要参考，帮助企业不断优化培训体系，提高培训质量。此外，培训效果评估还可以激发施工队伍的学习积极性，促使其更加认真地参与培训活动，从而提高整体工作效率和工程质量。

（二）培训效果评估的内容与方法

1. 评估内容

培训效果评估的内容主要包括施工队伍在培训后的技能掌握情况、知识理解程度、态度转变以及实际应用情况等方面。具体来说，可以关注以下几个方面：

（1）技能掌握情况：评估施工队伍在培训后是否能够熟练掌握所学技能，包括操作技巧、安全规范等。

（2）知识理解程度：考查施工队伍对培训内容的理解程度，包括理论知识、施工工艺、材料性能等。

（3）态度转变：观察施工队伍在培训后是否对工作态度、团队协作、安全意识等方面有所改进。

（4）实际应用情况：评估施工队伍在实际工作中是否能够运用所学知识和技能，提高工作效率和工程质量。

2. 评估方法

为了全面、客观地评估培训效果，可以采用以下几种评估方法：

（1）问卷调查法：通过向施工队伍发放问卷，收集其对培训活动的满意度、收获以及建议等信息，从而了解培训效果。

（2）实操考核法：组织施工队伍进行实际操作考核，评估其技能掌握情况和实际应用能力。

（3）观察法：通过现场观察施工队伍的工作表现，评估其态度转变和团队协作情况。

（4）成果分析法：分析施工队伍在培训后的工作成果，如工程质量、施工效率等，从而间接评估培训效果。

（三）培训效果反馈机制

为确保培训效果评估结果的及时反馈，企业应建立畅通的反馈渠道。这包括定期召开培训效果评估会议、设立专门的反馈邮箱或热线电话等方式，使施工队伍能够方便地提出自己的意见和建议。对于收集到的反馈内容，企业应认真对待并进行分析处理。一方面，要对施工队伍提出的意见和建议进行梳理和总结，找出培训中存在的问题和不足；另一方面，要根据反馈内容制定改进措施，优化培训体系，提高培训质量。

反馈结果的应用是培训效果评估与反馈机制的关键环节。企业应根据评估结果和反馈意见，对施工队伍进行针对性的培训和指导，帮助其进一步提高技能水平和综合素质。同时，企业还可以将评估结果作为员工绩效考核和晋升的依据之一，激励施工队伍更加积极地参与培训活动。

（四）培训效果评估与反馈的注意事项

在进行培训效果评估时，应确保评估过程的公正性和客观性。评估人员应具备一定的专业素质和评估经验，能够客观、准确地评价施工队伍的表现。同时，应避免主观臆断和偏见对评估结果的影响。反馈的及时性和有效性对于培训效果评估与反馈机制至关重要。企业应确保反馈渠道的畅通，及时收集和处理施工队伍的反馈意见。另外，应根据反馈内容制定切实可行的改进措施，确保反馈结果能够得到有效应用。

培训效果评估与反馈机制的目的在于不断优化培训体系，提高培训质量。因此，企业应持续关注培训效果评估结果和反馈意见，对培训体系进行持续改进。这包括调整培训内容、改进培训方式、优化培训资源等方面，以确保培训活动能够更好地满足施工队伍的实际需求和发展方向。

第二节 幕墙施工人员的技能与素质要求

一、幕墙施工人员的技能要求

幕墙作为现代建筑的重要组成部分，其施工质量的优劣直接关系到建筑的整体美观性和安全性。因此，对幕墙施工人员而言，具备一系列专业的技能要求至关重要。

（一）基本技能要求

幕墙施工人员应能够准确理解并熟练掌握幕墙施工图纸和设计方案，了解幕墙的结构、材料、尺寸等关键信息。这有助于施工人员正确把握施工要点，确保施工过程的准确性和规范性。幕墙安装技术是幕墙施工的核心，施工人员应熟练掌握各种幕墙安装技术，包括连接件的安装、板材的固定、密封胶的涂抹等。同时，施工人员还应了解不同材料的安装特性和注意事项，确保安装质量符合设计要求。

幕墙施工对精度要求较高，施工人员应具备精准的测量和定位技能，能够使用测量仪器进行精确测量，并根据测量结果确定幕墙的安装位置和角度。这有助于确保幕墙安装的准确性和稳定性。

（二）专业技能要求

幕墙材料种类繁多，施工人员应熟悉各种材料的性能及使用方法，包括铝合金、钢材、玻璃、石材等。了解材料的物理性能、化学性能及加工性能，有助于施工人员选择合适的施工方法和工具，提高施工效率和质量。幕墙防水和密封是确保幕墙长期使用性能的关键环节，施工人员应掌握防水和密封技能，了解各种密封材料和防水材料的性能及使用方法。在施工过程中，施工人员应严格按照防水和密封要求进行施工，确保幕墙的防水性能和密封性能达到设计要求。

幕墙施工涉及高空作业、吊装作业等高风险作业，施工人员应熟悉幕墙施工安全规范及操作流程，了解安全设施的使用方法和应急处理措施。在施工过程中，施工人员应严格遵守安全规范，确保施工过程的安全性。

（三）团队协作能力要求

幕墙施工是一个多工种、多岗位协同作业的过程，施工人员应具备良好的沟通与协作能力，能够与其他工种和岗位进行有效的沟通和协作。通过良好的沟通与协作，施工人员可以及时解决施工过程中的问题，提高工作效率。

幕墙施工需要团队成员之间的紧密配合和相互支持，施工人员应具备团队协作精神与意识，能够积极参与团队活动，为团队目标的实现贡献自己的力量。通过团队协作，施工人员可以共同解决施工难题，提高整体工作效率。

（四）创新能力与学习能力要求

随着幕墙技术的不断发展，新的施工工艺和材料不断涌现。施工人员应具备创新能力和探索精神，能够积极学习新技术、新工艺和新材料，将其应用于实际施工中。通过创新，施工人员可以提高施工效率和质量，为企业创造更大的价值。幕墙施工领域的技术和知识不断更新，施工人员应具备持续学习与自我提升意识，能够不断学习新知识、新技能，提高自身的专业素质。通过持续学习，施工人员可以跟上行业的发展步伐，为企业的长期发展提供有力支持。

（五）安全意识与环保意识要求

幕墙施工涉及高空作业、电气作业等高风险环节，施工人员应严格遵守安全操作规程，确保施工过程中的安全。同时，施工人员还应具备一定的安全意识和应急处理能力，能够在遇到突发情况时迅速采取有效措施，保障自身和他人的安全。随着社会对环保和节能要求的不断提高，幕墙施工也应注重环保与节能。施工人员应了解环保和节能的相关知识，选择符合环保要求的材料和施工工艺，减少施工过程中的污染和降低能耗。同时，施工人员还应积极参与环保活动，为企业和社会创造绿色价值。

二、幕墙施工人员的素质要求

幕墙施工是建筑行业中一项技术性强、要求严格的工作，它涉及众多安全和技术问题，直接关系到建筑的整体质量和使用安全。因此，幕墙施工人员必须具备一系列高标准的素质要求，以确保施工过程的顺利进行和工程质量的可靠保障。

（一）高度的职业道德和责任心

幕墙施工人员作为建筑行业的一员，首先应具备高度的职业道德和责任心。他们应始终坚守诚信、敬业的原则，严格遵守行业规范，确保施工质量符合设计要求。同时，他们还应具备强烈的责任心，对自己的工作负责，对工程质量负责，对用户的安全负责。在施工过程中，他们应始终保持严谨的态度，认真对待每一个细节，确保每一个环节都达到标准。

（二）扎实的专业知识和技能

幕墙施工是一项技术性很强的工作，要求施工人员必须具备扎实的专业知识和技能。他们应熟悉幕墙的结构、材料、工艺等方面的知识，了解各种幕墙材料的性能和使用方法。同时，他们还应掌握各种施工技术和操作方法，能够熟练地开展幕墙的安装、调试和维修工作。在施工过程中，他们应能够灵活运用所学知识，解决各种技术难题，确保施工质量和进度。

（三）良好的团队协作和沟通能力

幕墙施工是一个多工种协作的过程，需要不同岗位的施工人员密切配合，共同完成施工任务。因此，幕墙施工人员应具备良好的团队协作和沟通能力。他们应能够与其他工种人员保持良好的合作关系，共同解决施工中的问题。同时，他们还应具备清晰、准确的表达能力，能够及时向相关人员传达施工进展、问题和需求，确保信息的畅通和有效沟通。

（四）严谨的工作态度和细致的观察力

幕墙施工对细节的要求极高，任何微小的疏忽都可能导致严重的质量问题。因此，幕墙施工人员应具备严谨的工作态度和细致的观察力。他们应认真对待每一个施工环节，严格按照施工规范进行操作。同时，他们还应具备敏锐的洞察力，能够及时发现施工过程中的问题和隐患，并采取有效措施进行解决。

（五）较强的学习能力和适应能力

随着科技的进步和行业的发展，幕墙施工技术也在不断更新和升级。因此，幕墙施工人员应具备较强的学习能力和适应能力，能够不断学习新知识、新技能，跟上行业的发展步伐。他们应关注行业动态和技术发展趋势，积极参加各种培训和学习活动，提高自身的专业素质和能力水平。

（六）良好的身体素质和心理素质

幕墙施工往往需要在高空、室外等恶劣环境中进行，对施工人员的身体素质和心理素质要求较高。他们应具备强健的体魄和充沛的精力，能够适应长时间、高强度的工作。同时，他们还应具备稳定的心理素质，能够应对各种突发情况和压力，保持沉着冷静。

（七）注重安全和环保意识

幕墙施工涉及高空作业、电气作业等高风险环节，安全意识是施工人员必备的素质。他们应严格遵守安全操作规程，佩戴好安全防护用品，确保自身和他人的安全。同时，随着环保意识的日益增强，幕墙施工人员还应注重环保和节能，选择符合环保要求的材料和施工工艺，减少施工过程中的污染和降低能耗。

（八）持续自我提升和创新意识

幕墙行业的技术和材料一直在不断更新，施工人员应保持持续学习的态度，不断提升自己的专业技能和知识水平。此外，创新意识也是现代幕墙施工人员应具备的重要素质。他们应积极探索新的施工方法、工艺和材料，提高施工效率和质量，为企业创造更大的价值。

（九）良好的服务意识和客户至上理念

幕墙施工不仅仅是技术活，更是服务。施工人员应具备良好的服务意识，在保证质量安全的基础上满足客户的施工要求，积极解决客户在施工过程中遇到的问题。同时，他们还应树立客户至上的理念，从客户的角度出发，为客户提供优质的施工服务。

三、幕墙施工人员的安全意识培养

幕墙施工是建筑行业中的重要环节，其施工过程往往涉及高空作业、重物吊装等高风险操作。因此，幕墙施工人员的安全意识培养显得尤为重要。安全意识的培养不仅关系到施工人员的生命安全，也直接影响着施工质量和企业的经济效益。

（一）安全意识的重要性

安全意识是幕墙施工人员必须具备的基本素质之一。首先，安全意识直接关系到施工人员的生命安全。幕墙施工往往需要在高空、室外等环境下进行，一旦发生意外，后果不堪设想。因此，施工人员必须具备足够的安全意识，严格遵守安全操作规程，确保自身安全。其次，安全意识也影响到施工质量和进度。只有施工人员充分认识到安全的重要性，才能在施工过程中做到精益求精，确保每一个环节都达到标准，从而保证施工质量和进度。

（二）安全意识的培养途径

安全意识的培养需要多方面的共同努力，包括企业、培训机构、施工现场等多个环节。

企业培训：企业应定期开展安全意识培训活动，通过讲解安全知识、分享安全事故案例等方式，提高施工人员的安全意识。同时，企业还可以制定安全管理制度和奖惩机制，鼓励施工人员自觉遵守安全规定，形成良好的安全文化氛围。

培训机构教育：专业的培训机构可以通过系统的课程设置和实践操作，使施工人员全面掌握安全知识和技能。培训机构还可以根据行业发展和施工需求，不断更新培训内容，确保施工人员始终掌握最新的安全知识和技能。

施工现场实践：施工现场是安全意识培养的重要场所。在施工过程中，施工人员可以通过实际操作和亲身体验，深刻认识到安全的重要性。同时，施工现场的安全管理人员也可以对施工人员进行现场指导和监督，确保施工过程中的安全。

（三）安全意识培养的具体措施

为了有效培养幕墙施工人员的安全意识，我们可以采取以下具体措施：

加强安全教育培训：企业应定期组织安全教育培训活动，包括安全操作规程、应急处理措施、事故案例分析等内容。通过培训，使施工人员充分认识到安全的重要性，掌握必要的安全知识和技能。

设立安全标语和警示牌：在施工现场显著位置设立安全标语和警示牌，提醒施工人员时刻保持警惕，注意安全。这些标语和警示牌可以采用醒目的颜色和易识别的字体，以便施工人员能够迅速注意到。

开展安全知识竞赛和演练活动：通过举办安全知识竞赛和演练活动，激发施工人员学习安全知识的兴趣，提高他们应对突发情况的能力。同时，这些活动也可以检验施工人员的安全意识和技能水平，为今后的施工安全提供有力保障。

建立安全奖惩机制：企业应建立安全奖惩机制，对在施工中表现出色的施工人员进行表彰和奖励，对违反安全规定的施工人员进行批评和处罚。通过这种方式，可以促使施工人员自觉遵守安全规定，养成良好的安全习惯。

推广先进的安全技术和设备：随着科技的进步，越来越多的先进安全技术和设备被应用于幕墙施工中。企业应积极推广这些技术和设备，提高施工过程中的安全性能。同时，施工人员也应积极学习和掌握新技术和新设备的使用方法，确保施工过程中的安全。

（四）安全意识培养的长期性与持续性

安全意识的培养不是一蹴而就的，而是一个长期且持续的过程。企业应建立完善的培训机制，确保施工人员在不同阶段都能接受到相应的安全教育培训。同时，施工人员也应时刻保持学习的心态，不断更新自己的安全知识和技能。此外，企业还应定期对施工人员的安全意识进行评估和反馈，以便及时发现并解决存在的问题。

四、幕墙施工人员的团队协作能力

幕墙施工是一项复杂而精细的工程，需要多个工种、多个环节的紧密配合与协作。在这个过程中，幕墙施工人员的团队协作能力显得尤为重要。团队协作能力的提升不仅有助于保障施工质量和进度，还能增强团队的凝聚力和向心力，提升企业的整体竞争力。

（一）团队协作的重要性

在幕墙施工过程中，团队协作能力的重要性主要体现在以下几个方面：

首先，团队协作能够确保施工过程的顺利进行。幕墙施工涉及多个工种、多个环节的交叉作业，需要各个环节之间的紧密配合。只有团队成员之间保持良好的沟通与合作，才能确保施工过程的顺利进行，避免出现因配合度不够而导致的工期延误或质量问题。

其次，团队协作有助于提高施工质量和效率。通过团队协作，施工人员可以共同研究施工方案、探讨技术难题、分享施工经验，从而提升整个团队的技术水平和施工能力。同时，团队协作还能够优化施工流程、减少资源浪费、提高工作效率，为企业创造更大的经济效益。

最后，团队协作有助于增强团队的凝聚力和向心力。通过共同的努力和协作，团队成员之间能够建立深厚的友谊和信任，形成强大的团队凝聚力。这种凝聚力能够激发团队成员的积极性和创造力，推动团队不断向前发展。

（二）影响团队协作能力的因素

影响幕墙施工人员团队协作能力的因素有很多，主要包括以下几个方面：

沟通障碍：由于施工人员来自不同的背景和专业领域，可能存在语言、文化、技术等方面的沟通障碍。这些障碍可能导致信息传递不畅、理解偏差等问题，影响团队协作的效果。

角色定位不清：在幕墙施工过程中，如果各个工种的角色定位不清、职责不明确，就容易出现工作重叠、遗漏等问题，导致团队协作的混乱和效率低下。

缺乏信任：信任是团队协作的基石。如果团队成员之间缺乏信任，就可能出现猜疑、矛盾，影响团队的协作。

激励不足：如果企业缺乏对施工人员的有效激励措施，就可能导致施工人员缺乏积极性和创造性，进而影响团队协作的效果。

（三）提升团队协作能力的策略

针对以上影响因素，我们可以采取以下策略来提升幕墙施工人员的团队协作能力：

加强沟通与培训：企业应定期组织沟通培训活动，提高施工人员的沟通技能和文化素养。同时，鼓励施工人员在日常工作中多交流、多分享，消除沟通障碍，保证信息畅通。

明确角色与职责：企业应制订详细的施工方案和作业指导书，明确各个工种的角色定位、职责范围和协作要求。通过明确的分工和协作，确保施工过程的顺利进行。

建立信任机制：企业应注重培养施工人员的团队精神和合作意识，通过共同的目标和利益来增进团队成员之间的信任。同时，建立公正、透明的激励机制，让施工人员感受到企业的关心和认可，从而增强团队的凝聚力。

优化激励措施：企业应根据施工人员的实际需求和表现，制定合理的激励措施。例如，设立奖金、晋升机会等奖励制度，激发施工人员的积极性和创造性；同时，建立有效的惩罚机制，对违反规定的行为进行惩处，维护团队的秩序和稳定。

（四）团队协作能力的长期培养与提升

团队协作能力的提升并非一蹴而就，而是一个长期且持续的过程。因此，企业需要制订长期的团队协作能力培养计划，并付诸实践。以下是一些具体的建议：

首先，定期开展团队建设活动。通过举办各种形式的团队建设活动，如户外拓展、团队游戏等，增进团队成员之间的了解和信任，提升团队的凝聚力和向心力。

其次，建立有效的沟通机制。企业应建立定期沟通会议制度，鼓励施工人员在日常工作中多交流、多分享。同时，利用现代通信工具，实现信息的实时传递和共享，提高沟通效率。

再次，注重团队文化的建设。企业应倡导积极向上的团队文化，强调团队协作的重要性。通过文化的熏陶和影响，使施工人员逐渐形成共同的价值观念和行为规范，推动团队协作能力的提升。

最后，加强与其他部门的协作与配合。幕墙施工往往涉及多个部门和多个环节的配合与协作。因此，企业需要加强与其他部门的沟通与协调，确保施工过程中的各个环节能够紧密衔接、顺畅推进。

第三节　幕墙施工人员的绩效考核与激励

一、幕墙施工人员绩效考核的指标体系

幕墙施工是建筑行业中极为重要的一环，施工人员的绩效直接关系到项目的质量、进度和成本。因此，建立一个科学、合理的绩效考核指标体系，对于激发施工人员的积极性、提高工作效率、保障施工质量和安全具有重要意义。

（一）指标体系构建的原则

在构建幕墙施工人员绩效考核指标体系时，应遵循以下原则：

目标导向原则：指标体系应紧扣企业的战略目标，确保施工人员的绩效与企业的整体发展相一致。

全面性原则：指标体系应涵盖施工人员的各个方面，包括工作态度、技能水平、工作效率、安全质量等，以全面反映施工人员的绩效。

可操作性原则：指标体系应具有可操作性，便于管理者进行绩效考核和评估。

公平性原则：指标体系应公平、公正，避免主观臆断和偏见，以确保考核结果的客观性和公正性。

（二）指标体系的构成

幕墙施工人员绩效考核指标体系主要包括以下几个方面：

工作态度指标：包括出勤率、工作态度、团队协作精神等。出勤率是衡量施工人员是否遵守工作纪律的重要指标；工作态度反映施工人员的责任心和敬业精神；团队协作精神则体现施工人员在团队中的合作意识和协作能力。

技能水平指标：包括专业技能、学习能力、创新能力等。专业技能是施工人员完成工作的基础；学习能力反映施工人员接受新知识、新技能的速度和效果；创新能力则反映施工人员在工作中能否提出新的想法和解决方案。

工作效率指标：包括工作完成率、工作效率提升率等。工作完成率是衡量施工人员工作进度的重要指标；工作效率提升率则反映施工人员在工作中是否能够有效利用资源、提高工作效率。

安全质量指标：包括安全事故率、施工质量合格率等。安全事故率是衡量施工人员安全意识和操作技能的重要指标；施工质量合格率则反映施工人员在工作中是否能够保证施工质量，满足项目要求。

（三）指标体系的权重分配

在构建指标体系时，还需要根据企业的实际情况和战略目标，对各个指标进行权重分配。权重分配应综合考虑指标的重要性和影响程度，确保绩效考核结果的科学性和合理性。

例如，对以质量和安全为核心竞争力的企业来说，可以将安全质量指标的权重设置得相对较高；而对追求高效、快速完成项目的企业来说，可以将工作效率指标的权重设置得较高。

（四）考核方法与流程

在确定了指标体系及权重分配后，需要明确考核方法和流程。考核方法可以采用定量与定性相结合的方式，既考虑客观数据，又考虑主观评价。流程上，可以设立专门的考核小组，负责制订考核计划、收集数据、进行评分和汇总结果。同时，要确保考核过程的公开、透明，以便施工人员对考核结果有充分的了解和认可。

（五）绩效反馈与改进

绩效考核的目的不仅在于评价施工人员的绩效水平，更在于通过反馈和改进提升他们的绩效。因此，在考核结束后，应及时向施工人员反馈考核结果，指出他们的优点和不足，并提出具体的改进建议。同时，要建立绩效改进机制，鼓励施工人员积极参与培训和学习，提升自身能力和素质。

（六）指标体系的动态调整

幕墙施工行业不断发展变化，企业的战略目标和市场环境也可能随之变化。因此，绩效考核指标体系应具有一定的灵活性和可调整性。企业应定期对指标体系进行审查和调整，确保其始终与企业的实际情况和战略目标保持一致。

此外，随着新技术、新工艺的不断涌现，幕墙施工人员的工作内容和技能要求也可能发生变化。因此，指标体系应及时反映这些变化，将新的工作要求和技能纳入考核范围。

二、幕墙施工人员绩效考核的方法与流程

幕墙施工人员的绩效考核是企业管理中的重要环节，它不仅关乎施工人员的个人发展，还直接影响着企业的整体运营效率和项目质量。因此，制定一套科学、合理的绩效考核方法与流程，对于激发施工人员的积极性、提高工作效率、保障施工质量具有重要意义。

（一）绩效考核的目的与原则

绩效考核的主要目的在于客观评价施工人员的工作表现，为员工的薪酬调整、晋升和奖惩提供依据，同时促进施工人员的个人成长和职业发展。在绩效考核过程中，应遵循公平、公正、公开的原则，确保考核结果的客观性和准确性。

（二）绩效考核的方法

绩效考核的方法多种多样，针对幕墙施工人员的特性，可以采用以下几种主要方法：

目标管理法：根据企业的战略目标，为施工人员设定具体、可衡量的工作目标，通过对比实际完成情况与目标完成情况来评价绩效。这种方法有助于引导施工人员明确工作方向，提高工作效率。

关键绩效指标法（KPI）：根据幕墙施工的特点，选取关键绩效指标，如工

作效率、施工质量、安全记录等，对施工人员进行考核。KPI 法能够突出重点，使考核更具针对性和可操作性。

360 度反馈法：通过上级、下级、同事和客户等多方人员对施工人员进行综合评价，以获得更全面、客观的绩效反馈。这种方法有助于施工人员了解自己的优点和不足，进而改进工作表现。

行为锚定等级评价法：通过预先设定一系列与幕墙施工相关的行为标准，对施工人员的行为进行观察和评价。这种方法能够准确描述施工人员的行为特征，为绩效考核提供有力依据。

（三）绩效考核的流程

为确保绩效考核的顺利进行，需要遵循以下流程：

制订考核计划：根据企业的年度工作计划和幕墙施工项目的实际情况，制订详细的绩效考核计划，明确考核的时间、范围、方法和标准。

收集绩效信息：通过日常观察、记录、调查等方式，收集施工人员的绩效信息，包括工作完成情况、工作态度、团队协作等方面的表现。

进行评价打分：根据绩效考核方法和标准，对施工人员的绩效进行评价打分。评价过程中要确保客观公正，避免主观臆断和偏见。

汇总考核结果：将各个评价维度的得分进行汇总，形成施工人员的综合绩效考核结果。同时，对考核结果进行分析，找出存在的问题和不足。

绩效反馈与沟通：将考核结果及时反馈给施工人员，与他们进行面对面的沟通，分析考核结果，指出优点和不足，并提出改进意见和建议。通过沟通，促进施工人员对绩效考核的理解和认同，激发他们改进工作的积极性。

制订改进计划：根据绩效反馈和沟通结果，帮助施工人员制订个人改进计划，明确改进目标和措施。同时，企业要提供必要的支持和资源，帮助施工人员实现改进目标。

考核结果应用：将绩效考核结果应用于薪酬调整、晋升、奖惩等方面，体现绩效与待遇的挂钩，激励施工人员不断提升绩效水平。

（四）绩效考核的注意事项

在绩效考核过程中，需要注意以下几点：

确保考核标准的公正性和客观性，避免受主观臆断和偏见的影响。

注重考核过程的公开和透明，确保施工人员对考核结果的认可和接受。

及时收集和处理施工人员的反馈意见，不断完善和优化绩效考核方法和流程。

将绩效考核与培训和发展相结合，帮助施工人员提升技能和素质，实现个人和企业的共同发展。

（五）绩效考核的持续优化

绩效考核标准并非一成不变，随着企业的发展和市场环境的变化，绩效考核方法和流程也需要不断优化和完善。企业应定期对绩效考核体系进行审查，收集施工人员的意见和建议，发现存在的问题和不足，及时进行调整和改进。同时，企业还应关注行业发展趋势和新技术应用，将新的考核方法和理念引入绩效考核体系，使其更加科学、合理和有效。

三、幕墙施工人员的激励机制设计

幕墙施工行业作为建筑领域的重要组成部分，其施工人员的积极性和工作效率直接关系到项目的质量和进度。因此，设计一套科学合理的激励机制，对于提升幕墙施工人员的工作热情、促进企业发展具有重要意义。

（一）激励机制设计的原则

在设计幕墙施工人员的激励机制时，应遵循以下原则：

公平性原则：激励机制应确保公平、公正，避免出现因个人关系或主观偏见导致的激励差异，使每个施工人员都能感受到企业的公平对待。

针对性原则：激励机制应针对施工人员的不同需求和特点进行设计，以满足他们的个性化需求，提高激励效果。

可行性原则：激励机制应具有可操作性，便于企业实施和管理，确保激励措施能够得到有效执行。

可持续性原则：激励机制应具有长期性和稳定性，能够持续激发施工人员的积极性，为企业创造持续价值。

（二）激励机制的组成要素

幕墙施工人员的激励机制主要包括以下几个要素：

物质激励：通过提供具有竞争力的薪酬待遇、奖金、津贴等物质奖励，激发施工人员的积极性。物质激励是激励机制的基础，能够满足施工人员的基本生活需求。

精神激励：通过表彰、荣誉、晋升等方式，对施工人员的优秀表现给予认可和赞赏，满足他们的精神需求。精神激励能够增强施工人员的归属感和忠诚度，提升他们的工作满意度。

培训与发展机会：提供丰富的培训资源和发展机会，帮助施工人员提升技能水平和职业素养，实现个人价值。培训与发展机会是施工人员职业成长的重要保障，能够激发他们的学习热情和进取心。

工作环境与氛围：营造良好的工作环境和氛围，提供必要的工作支持和资源，减轻施工人员的工作压力，提高他们的工作效率。良好的工作环境和氛围是施工人员高效工作的基础条件。

（三）激励机制的设计策略

差异化激励策略：根据施工人员的不同特点和需求，设计差异化的激励方案。例如，对于年轻员工，可注重提供培训和发展机会；对于资深员工，可注重提供晋升和荣誉奖励。

绩效导向激励策略：将激励与绩效考核紧密结合，根据施工人员的绩效表现给予相应的奖励。通过设定明确的绩效目标和标准，激励施工人员努力提升工作效率和质量。

团队激励策略：强调团队合作和共同目标，通过设立团队奖励和竞赛活动，激发施工人员的团队精神和协作意识。团队激励有助于增强团队凝聚力和向心力，提升整体工作效率。

长期激励策略：设计具有长期性的激励措施，如员工持股计划、退休金制度等，以吸引和留住优秀的施工人员。长期激励能够增强施工人员的归属感和忠诚度，促进企业的稳定发展。

（四）激励机制的实施与保障

建立完善的激励制度：制定详细的激励政策和流程，明确激励标准和程序，确保激励措施的公平性和透明度。

加强沟通与反馈：建立有效的沟通机制，及时了解施工人员的需求和意见，对激励措施进行动态调整。同时，通过定期反馈和评估，确保激励措施的有效性。

强化监督管理：建立健全的监督管理机制，对激励措施的执行情况进行监督和检查，防止出现违规行为和不公平现象。

持续优化改进：根据企业发展和市场环境的变化，对激励机制进行持续优化和改进，确保其适应性和有效性。

四、幕墙施工人员激励效果的评估与调整

幕墙施工行业作为建筑领域的重要一环，施工人员的激励效果直接关系到项目的进展和质量。因此，定期评估激励效果并根据评估结果进行适时的调整，是确保激励机制长期有效、促进企业持续发展的重要环节。

（一）激励效果评估的目的与意义

激励效果评估的主要目的在于了解当前激励机制的实际效果，发现存在的问题和不足，为后续的调整提供依据。评估结果有助于企业更加精准地把握施工人员的真实需求，优化激励策略，进一步提升激励效果。通过评估与调整，企业可以激发施工人员的潜能，提高他们的工作积极性和满意度，进而提升企业的整体绩效。

（二）激励效果评估的指标体系

为了全面、客观地评估激励效果，需要建立一套科学的指标体系。以下是一些关键的评估指标：

工作绩效指标：包括施工人员的工作效率、工程质量、安全生产等方面的表现。这些指标直接反映了激励措施对施工人员工作行为的影响。

满意度指标：通过调查问卷、面谈等方式，了解施工人员对薪酬待遇、工作环境、职业发展等方面的满意度。满意度的高低直接反映了激励措施的有效性。

流失率指标：观察施工人员的流失情况，特别是优秀员工的流失率。流失率的高低可以间接反映激励措施的吸引力。

创新与改进指标：评估施工人员在工作中提出的新想法、新方法及改进建议的数量和质量。这些指标反映了激励措施对施工人员创新能力的激发程度。

（三）激励效果评估的方法与流程

评估激励效果时，可以采用定性与定量相结合的方法，确保评估结果的准确性和客观性。具体流程如下：

数据收集：通过查阅施工记录、考勤记录、绩效考核结果等，收集施工人员的工作绩效数据。同时，通过问卷调查、访谈等方式，收集施工人员的满意度信息。

数据分析：对收集到的数据进行整理和分析，计算各项指标的得分或比例。通过对比分析，找出激励效果较好的方面和需要改进的方面。

结果呈现：将评估结果以报告的形式呈现，详细说明各项指标的得分情况、存在的问题及改进建议。报告应客观、准确、易于理解。

（四）激励效果的调整策略

根据激励效果的评估结果，企业可以制定相应的调整策略，以优化激励机制，提升激励效果。以下是一些建议的调整策略：

薪酬调整：根据施工人员的绩效表现和市场薪酬水平，适时调整薪酬待遇，确保薪酬具有竞争力。同时，可以设立绩效奖金、年终奖等，以激发施工人员的积极性。

职业发展机会：为施工人员提供更多的晋升机会和职业发展通道，让他们看到在企业内部的发展前景。通过设立内部培训、外部学习等机制，帮助施工人员提升技能水平和职业素养。

工作环境改善：关注施工人员的工作环境和条件，提供必要的工作支持和资源。通过改善工作环境、优化工作流程等方式，减轻施工人员的工作压力，提高他们的工作效率。

激励方式创新：尝试引入新的激励方式，如员工持股计划、项目分红等，以满足施工人员的多元化需求。同时，可以设立优秀员工奖、创新奖等，以表彰优秀施工人员的贡献和成就。

（五）激励效果评估与调整的注意事项

在进行激励效果评估与调整时，需要注意以下几点：

确保评估的公正性和客观性，避免主观臆断和偏见的影响。

注重激励措施的针对性和差异性，根据施工人员的不同特点和需求制订个性化的激励方案。

保持激励措施的稳定性和连续性，避免频繁调整导致施工人员的不安和不满。

及时收集和处理施工人员的反馈意见，不断完善和优化激励机制。

第四节　幕墙施工人员的安全与健康教育

一、幕墙施工人员安全健康教育的必要性

幕墙施工行业作为建筑领域的重要组成部分，其施工人员的安全与健康问题一直备受关注。随着建筑行业的快速发展和幕墙施工技术的不断进步，施工人员的安全健康教育变得尤为重要。

（一）保障施工人员生命安全

幕墙施工工作通常在高空、室外等复杂的环境下进行，涉及高空作业、吊装、焊接等多个环节，存在着较高的安全风险。一旦发生安全事故，不仅会给施工人员带来身体上的伤害，甚至可能危及生命。因此，加强安全健康教育、提高施工人员的安全意识和技能水平，是保障他们生命安全的关键。通过安全教育，施工人员能够熟练掌握安全操作规程，正确使用安全防护设备，有效避免和减少安全事故的发生。

（二）预防职业病和工伤事故

幕墙施工人员在长期的工作中，可能会面临噪声、粉尘、高温等多种职业危害因素的暴露。这些危害因素不仅可能导致职业病的发生，还可能增加工伤事故的风险。通过安全健康教育，施工人员能够了解职业危害因素的种类和危害程度，学会采取有效的防护措施，降低职业病和工伤事故的发生率。同时，企业也可以制定相应的职业健康管理制度，为施工人员提供必要的职业健康检查和保障。

（三）提升企业形象和竞争力

一个注重安全健康教育的企业，往往能够给外界留下良好的印象。这不仅有助于提升企业的社会形象和声誉，还能够增强企业的竞争力。在幕墙施工行业，那些能够充分保障施工人员安全与健康的企业，往往能够赢得客户的信任和青睐，从而在激烈的市场竞争中脱颖而出。

（四）促进施工效率和质量提升

安全健康教育不仅关乎施工人员的生命安全与健康，还与施工效率和质量密切相关。通过安全教育，施工人员能够熟练掌握施工技能和安全操作规程，提高施工效率和质量。同时，安全教育还能够增强施工人员的团队协作意识和责任心，促进施工过程的顺利进行。在幕墙施工中，高效、优质的施工不仅能够缩短工期、降低成本，还能够提升项目的整体品质和价值。

（五）符合法律法规和社会责任

加强幕墙施工人员安全健康教育，也是企业履行法律法规和社会责任的重要体现。我国建筑领域有一系列关于安全生产和职业健康的法律法规，要求企业必须为施工人员提供必要的安全健康教育和保障。通过安全教育，企业可以确保施工人员的行为符合法律法规的要求，避免因违法违规行为带来法律风险和经济损失。同时，企业积极履行社会责任，关注施工人员的安全与健康，也能赢得社会的尊重和认可。

（六）实施建议

为了有效实施幕墙施工人员安全健康教育，以下是一些建议：

制订详细的安全健康教育计划，明确教育目标、内容和方式，确保教育活动的针对性和有效性。

采用多种教育形式，如课堂讲解、案例分析、现场演示等，使施工人员能够更直观、更深入地了解安全健康知识。

建立安全教育考核机制，对施工人员的安全知识和技能进行定期考核，确保他们真正掌握并应用所学知识。

加强与施工人员的沟通与交流，了解他们的需求和困惑，及时调整教育内容和方式，提高教育效果。

定期对安全健康教育活动进行总结和评估，发现问题及时解决，不断完善安全健康教育体系。

二、幕墙施工人员安全健康教育的内容与方法

幕墙施工行业作为现代建筑领域的重要组成部分，施工人员的安全与健康问题一直备受关注。安全健康教育作为提升施工人员安全意识和技能水平的重要手段，对于保障施工人员的生命安全、预防职业病和工伤事故具有重要意义。

（一）幕墙施工人员安全健康教育的内容

安全意识教育是安全健康教育的基石。通过向施工人员普及安全生产的重要性，强调安全生产的法律法规和企业的安全规章制度，引导施工人员树立正确的安全观念，自觉遵守安全操作规程，提高自我防护意识。安全知识教育是安全健康教育的核心内容。施工人员需要掌握幕墙施工过程中的安全操作规程、安全防护设备的正确使用方法、危险源辨识与风险评估等方面的知识。同时，还应了解应急救援知识，包括逃生自救、火灾扑救、急救措施等，以便在紧急情况下能够迅速采取正确的应对措施。

职业健康教育是预防职业病和工伤事故的关键。施工人员需要了解幕墙施工过程中可能存在的职业危害因素，如噪声、粉尘、高温等，以及这些危害因素对身体的潜在影响。同时，还应学习如何采取有效的防护措施，降低职业危害风险，保护自身健康。安全技能教育是保障施工安全的重要环节。施工人员需要熟练掌握幕墙施工过程中的各项技能，如高空作业、吊装作业、焊接作业等。通过技能培训和实际操作演练，提高施工人员的技能水平和操作熟练度，减少因操作不当导致的安全事故。

（二）幕墙施工人员安全健康教育的方法

集中培训法是一种常用的安全健康教育方法。企业可以定期组织施工人员参加安全培训课程，邀请专业讲师进行授课，讲解安全知识、技能操作和应急救援等方面的内容。通过集中培训，可以使施工人员全面了解安全健康知识，提高安全意识和技能水平。

现场教学法是一种将理论与实践相结合的教育方法。企业可以在施工现场设立安全教育示范区。通过模拟施工场景，施工人员在实际操作中学习和掌握安全技能。同时，现场教学还可以使施工人员更加直观地了解危险源和安全隐患，增强他们的安全意识和防范能力。

案例分析法是一种通过分析实际案例来加强安全健康教育的方法。企业可以收集幕墙施工过程中的典型安全事故案例，组织施工人员进行讨论和分析。通过案例学习，施工人员可以深入了解事故原因、预防措施和应急救援等方面的知识，从而增强安全意识和应对能力。

宣传教育法是一种通过宣传材料、标语口号等形式来普及安全健康教育知识的方法。企业可以在施工现场设置安全宣传栏，张贴安全标语和宣传画，向施工人员传递安全健康知识和信息。同时，还可以通过企业内部的宣传渠道，如内部网站、微信公众号等，定期发布安全健康教育的相关内容和动态，提高施工人员的关注度和参与度。

（三）实施安全健康教育的注意事项

教育内容要具有针对性和实用性，紧密结合幕墙施工的实际需求和特点，确保施工人员能够真正掌握并应用所学知识。教育方法要灵活多样，根据施工人员的实际情况和接受程度选择合适的教育方式，提高教育效果。教育过程要注重互动和反馈，鼓励施工人员积极参与讨论和交流，及时消除他们的疑问和困惑，增强教育的针对性和实效性。

教育成果要进行考核和评估，通过考核检验施工人员的安全知识和技能水平，通过评估发现教育过程中存在的问题和不足，为后续的改进提供依据。

三、幕墙施工人员安全健康教育的实施与监督

在幕墙施工行业，施工人员的安全与健康始终是首要关注的问题。为了保障施工人员的生命安全和身体健康，实施并有效监督安全健康教育显得尤为重要。

（一）安全健康教育的实施

为确保安全健康教育的有效实施，首先应制订详细的教育计划。该计划应明确教育目标、内容、方法、时间安排和人员分工等，确保教育活动的系统性、连贯性和针对性。同时，教育计划还应结合幕墙施工的特点和实际需求，注重实用性和可操作性。安全健康教育的实施需要专业的讲师团队来支撑。企业应选拔具有丰富经验和专业知识的讲师，组建一支高水平的讲师团队。讲师团队应熟悉幕墙施工的安全规范、操作规程和职业病防治知识，能够生动形象地传授安全健康知识，提高施工人员的学习兴趣和积极性。

为提高教育效果，应采用多元化的教育形式。除了传统的课堂讲解外，还可以结合案例分析、现场演示、模拟演练等方式，使施工人员更加直观地了解安全操作规程和应急处理措施。同时，还可以通过制作宣传视频、发放宣传资料等形式，增强教育活动的趣味性和互动性。安全健康教育应覆盖所有幕墙施工人员，确保全员参与。企业应建立健全的教育培训制度，将安全健康教育纳入日常管理体系，确保每个施工人员都能接受必要的安全健康教育。同时，还应加强对新入职员工的安全健康教育，帮助他们尽快适应工作环境并掌握安全操作技能。

（二）安全健康教育的监督

为确保安全健康教育的有效实施，企业应建立完善的监督机制。该机制应明确监督主体、监督内容、监督方法和监督频率等，确保教育活动的顺利进行。同时，还应建立奖惩制度，对积极参与教育活动的施工人员进行表彰和奖励，对忽视安全教育或违反安全规定的施工人员进行批评和处罚。企业应定期对安全健康教育的效果进行评估。评估内容包括施工人员的安全意识、安全操作技能、职业病防治知识等方面。通过评估，管理人员可以了解教育活动的实际效果，发现存在的问题和不足，为后续的改进提供依据。评估结果还可以作为奖惩制度的依据，激励施工人员更加重视安全健康教育。

现场监督与检查是确保安全健康教育落地的关键环节。企业应设立专门的监督机构或安排专人负责现场监督与检查工作。监督人员应深入施工现场，对施工人员的安全操作、防护措施和职业病防治等方面进行监督和检查。对于发现的违规行为或安全隐患，应及时进行纠正和处理，确保施工活动的安全进行。

安全健康教育的实施与监督需要企业内部的各个部门之间密切协作和沟通。企业应建立信息沟通与反馈机制，确保各部门之间的信息畅通。监督部门应及时向教育部门反馈教育活动的实施情况和存在的问题，教育部门则应根据反馈情况进行调整和改进。同时，企业还应鼓励施工人员积极参与监督和反馈工作，提出宝贵的意见和建议，促进安全健康教育的持续改进。

（三）实施与监督的注意事项

在实施与监督安全健康教育时，应注重实效性和可操作性。教育内容和方法应紧密结合幕墙施工的实际需求和特点，确保施工人员能够真正掌握并应用所学知识。同时，监督措施也应具有针对性和可操作性，能够及时发现和纠正违规行为，确保安全健康教育的有效实施。宣传教育是提高施工人员安全意识和健康素养的重要途径。企业应加大宣传教育力度，通过多种形式宣传安全健康知识，提高施工人员的安全意识和自我防护能力。同时，还应加强对职业病防治知识的宣传和教育，帮助施工人员了解职业病的危害和预防措施。

安全健康教育的实施与监督不是一次性的工作，而应建立长效机制。企业应建立健全的教育培训制度、监督机制和奖惩制度，确保安全健康教育的持续性和稳定性。同时，还应定期对制度进行修订和完善，以适应幕墙施工行业的发展和变化。

四、幕墙施工人员安全健康教育的效果评估与改进

在幕墙施工行业中，安全健康教育的实施对于提升施工人员的安全意识和技能水平、预防工伤事故和职业病的发生具有重要意义。然而，仅仅实施安全教育并不足以保证其效果，对教育效果进行定期评估并根据评估结果进行改进同样至关重要。

（一）安全健康教育效果评估的重要性

安全健康教育效果评估是对教育活动的成果进行检验和衡量的过程。通过评估，企业可以了解施工人员在接受安全教育后的安全意识、技能水平和行为习惯等方面的变化，进而判断教育活动的有效性。同时，评估结果还可以为后续的改进工作提供重要依据，帮助企业不断优化安全健康教育的内容和方法，提升教育效果。

（二）安全健康教育效果评估的方法

通过设计问卷，对施工人员的安全意识、安全知识掌握情况、安全操作技能等方面进行调查，收集数据并进行分析。问卷调查法可以全面了解施工人员的安全素养和教育需求，为改进教育内容和方法提供依据。观察法是通过现场观察施工人员的操作行为、安全设施使用情况和安全管理制度执行情况等，来评估安全健康教育的效果。观察法可以直观地了解施工人员的安全行为和安全意识水平，发现存在的问题和不足。

通过组织安全知识测试或技能操作考核，对施工人员的安全知识和技能水平进行量化评估。测试法可以客观地衡量施工人员的安全素养和技能掌握情况，为改进教育内容和方法提供数据支持。

（三）安全健康教育效果的评估指标

通过评估施工人员对安全生产的重视程度、对安全操作规程的遵守情况以及对安全隐患的识别和应对能力等方面的变化，来衡量安全意识提升程度。通过评估施工人员对幕墙施工过程中的安全知识、危险源辨识与风险评估、应急救援知识等方面的掌握情况，来判断安全教育的效果。

通过评估施工人员在幕墙施工过程中的操作技能、安全设施使用能力、应急处理能力等方面的表现，来评价其安全技能操作水平的提升情况。

（四）基于评估结果的改进策略

根据评估结果，针对施工人员在安全意识、知识和技能方面存在的薄弱环节，优化教育内容和方法。例如，针对安全意识不强的施工人员，可以加强安全文化建设和案例警示教育；针对技能操作水平较低的施工人员，可以加强实操训练和技能考核。建立健全教育培训制度，明确教育培训的目标、内容、方法、时间安排和人员分工等，确保教育活动的系统性、连贯性和针对性。同时，加强教育培训的考核与奖惩机制，激励施工人员积极参与安全健康教育活动。

加强施工现场的安全监督与管理，确保施工人员严格按照安全操作规程施工。对于发现的违规行为或安全隐患，应及时进行纠正和处理，防止安全事故的发生。同时，加强现场安全宣传和教育，提高施工人员的安全意识和自我防护能力。积极引入先进的技术和设备，提高幕墙施工的安全性和效率。例如，采用智能化监控系统和安全防护设备，实现对施工现场的实时监控和预警；采用新型材料和工艺，降低施工过程中的职业危害风险。

（五）持续改进与长效机制建设

安全健康教育是一个持续的过程，需要不断地进行评估和改进。企业应建立长效机制，将安全健康教育纳入日常管理体系，确保教育活动的持续性和稳定性。同时，定期对安全健康教育效果进行评估和总结，及时发现问题并进行改进，不断提升教育效果。

第六章 幕墙施工设备与技术管理

第一节 幕墙施工设备的选型与配置

一、幕墙施工设备的选型原则与标准

幕墙施工是现代建筑工程中不可或缺的一部分，其施工质量直接影响到建筑的整体效果和安全性。在幕墙施工过程中，选择合适的施工设备是至关重要的。

（一）幕墙施工设备选型原则

安全性是幕墙施工设备选型的首要原则。所选施工设备必须符合国家及行业相关安全标准，能够确保施工人员的生命安全。同时，设备在使用过程中应稳定可靠，不易出现故障或事故。适用性是指所选设备应适应幕墙施工的具体需求和特点。不同的幕墙类型、结构形式和施工环境对设备的要求各不相同，因此施工设备选型时应充分考虑实际施工需求，确保设备能够满足施工要求。

经济性是幕墙施工设备选型不可忽视的一个原则。在选择设备时，应综合考虑设备的购置成本、使用成本和维护成本等因素，选择性价比高、经济实用的设备。随着科技的不断进步，幕墙施工设备也在不断更新换代。在施工设备选型时，应优先考虑技术先进、性能优越的设备，以提高施工效率和质量。

环保性是现代建筑工程的重要要求之一。在幕墙施工设备选型时，应关注设备的环保性能，选择低能耗、低排放的设备，以减少对环境的影响。

（二）幕墙施工设备选型标准

设备性能是评价设备优劣的关键指标。在选型时，应关注设备的负载能力、精度、稳定性、可靠性等性能指标，确保设备能够满足施工需求。设备规格是指

设备的尺寸、重量、功率等参数。在施工设备选型时，应根据施工现场的空间大小、电源条件等因素，选择合适的设备规格，确保设备能够顺利进出场地和正常使用。品牌与制造商的信誉和实力是评价设备质量的重要依据。在选型时，应优先选择知名品牌和具有良好信誉的制造商，以确保设备的质量和售后服务。

幕墙施工过程中，往往需要多种设备协同作业。因此，在选型时，应考虑设备的兼容性，确保所选设备能够与其他设备相互配合，实现高效施工。设备的维护与保养对于延长设备寿命、保持设备性能具有重要意义。在选型时，应关注设备的维护与保养要求，选择易于维护、保养周期长的设备，降低使用成本。

（三）选型过程中的注意事项

在选型前，应对幕墙施工的具体需求进行充分了解，包括施工规模、工期要求、质量要求等，以便为设备选型提供准确的依据。在选型过程中，应综合考虑安全性、适用性、经济性、技术先进性和环保性等因素，权衡利弊，选择最适合的施工设备。

在选型前，可对候选设备进行实地考察和试验，了解设备的实际性能和使用情况，为选型提供更为准确的依据。在施工设备选型过程中，可咨询幕墙施工领域的专家意见，获取专业的建议和指导，确保设备选型的科学性和合理性。

二、幕墙施工设备的配置方案与优化

在幕墙施工项目中，设备的合理配置与优化对于提升施工效率、保证工程质量和降低施工成本具有至关重要的作用。

（一）幕墙施工设备配置方案

在进行设备配置前，首先需要对幕墙施工项目的具体需求进行深入分析。这包括施工规模、工期要求、施工环境、材料类型等多个方面。通过对这些需求的全面考虑，可以初步确定所需设备的类型、数量和规格。根据需求分析结果，选择合适的设备类型。常见的幕墙施工设备有起重设备、吊篮、脚手架、焊接设备、测量仪器等。在选择设备时，应充分考虑其适用性、安全性、稳定性和经济性等因素。

在确定设备类型后，需要根据施工规模和工期要求，确定所需设备的数量和规格。这涉及设备的承载能力、工作范围、精度要求等方面。确保设备数量充足、规格合适，以满足施工需求。根据配置方案，进行设备的采购或租赁。在采购设备时，应选择信誉良好的供应商，确保设备质量可靠；在租赁设备时，应选择服务优质、设备状况良好的租赁公司，以降低使用成本。

（二）幕墙施工设备配置优化策略

通过合理安排施工计划，提高设备的利用率。例如，可以根据施工进度和设备使用情况，灵活调整设备的使用时间和顺序，避免设备闲置或浪费。针对不同的施工阶段和任务，优化设备的组合搭配。通过合理搭配不同类型、规格的设备，实现施工效率的最大化。同时，可以考虑使用多功能设备，以减少设备种类和数量，降低管理成本。

定期对设备进行维护和保养，确保设备处于良好的工作状态。这不仅可以延长设备的使用寿命，还可以提高设备的稳定性和可靠性，降低故障发生的可能性。利用现代科技手段，实现设备的智能化管理。例如，可以引入物联网技术，对设备进行远程监控和故障诊断；利用大数据分析技术，对设备使用情况进行统计和分析，为设备优化提供数据支持。

加强操作人员的培训和教育，提高其专业技能和安全意识。专业操作人员能够更好地掌握设备性能和操作方法，提高施工效率和质量；同时，他们还能够及时发现和处理设备故障，确保施工顺利进行。

三、幕墙施工设备的维护与保养计划

幕墙施工设备是确保工程顺利进行和施工质量的重要保障。然而，设备在长期使用过程中，由于磨损、老化，性能会逐渐下降，甚至出现故障。因此，制订合理的维护与保养计划，对于延长设备使用寿命、提高设备性能、减少故障发生具有重要意义。

（一）维护与保养的重要性

幕墙施工设备的维护与保养工作直接关系到设备的正常运行和使用寿命。通过定期的维护与保养，可以及时发现并处理设备存在的潜在问题，防止故障的发生；同时，可以保持设备的良好性能，提高施工效率和质量。此外，维护与保养工作还可以延长设备的使用寿命，降低企业的运营成本。

（二）维护与保养计划的制订原则

维护与保养计划应以预防性维护为主，通过定期检查、清洁、润滑、紧固等操作，减少设备故障的发生。维护与保养计划应既具有定期性，确保设备得到及时、全面的维护；又应具有灵活性，能够根据设备的实际使用情况和使用环境进行调整。

在制订维护与保养计划时，应充分考虑设备的安全性和施工效率：既要确保设备的安全运行，又要避免过度维护影响施工进度。

（三）维护与保养计划的具体内容

定期对设备进行清洁，去除表面的灰尘、油污等。对于易积尘的部位，如散热器、风扇等，应加大清洁力度。清洁过程中，应使用专用的清洁工具和清洁剂，避免对设备造成二次损害。按照设备说明书的要求，定期为设备的润滑部位添加润滑油或润滑脂。在润滑过程中，应注意选择合适的润滑剂和润滑方式，确保润滑效果良好。同时，要定期检查润滑油的使用情况，及时更换污染的润滑油。

对设备的螺栓、螺母等紧固件进行定期检查，确保其紧固可靠。发现松动或损坏的紧固件，应及时进行紧固或更换。定期对设备的电气系统、机械系统等进行全面检查，包括电源线路、开关、传感器、电机、轴承等部件。检查过程中，应重点关注设备的运行状态、声音、温度等异常情况，及时发现并处理潜在问题。

对于磨损严重或损坏的部件，应及时进行更换或修复。在更换部件时，应选择与原部件相匹配的规格和型号，确保设备的正常运行。对于可修复的部件，应进行专业的修复处理，恢复其性能。

（四）维护与保养计划的执行与监督

企业应明确维护与保养工作的责任人和分工，确保每项工作都有专人负责。同时，应建立相应的考核机制，对维护与保养工作的执行情况进行监督和考核。企业应定期对维护与保养人员进行培训和指导，提高其专业技能和操作水平。通过培训，使维护与保养人员能够熟练掌握设备的性能、结构和使用方法，提高维护与保养工作的质量。

企业应建立维护与保养档案，记录设备的维护与保养情况、更换部件的时间和型号等信息。通过档案管理，可以及时了解设备的维护历史和使用状况，为后续的维护与保养工作提供参考依据。

四、幕墙施工设备的更新与升级策略

随着建筑行业的快速发展，幕墙施工技术也在不断进步，施工设备作为施工过程中的关键要素，其性能和质量直接影响到工程的进度和质量。因此，幕墙施工设备的更新与升级显得尤为重要。

（一）更新与升级的重要性

幕墙施工设备的更新与升级是提升施工效率、保证施工质量、降低施工成本的重要手段。通过更新与升级设备，可以引入更先进的技术和更高效的施工方法，从而提高施工效率；同时，新设备往往具有更好的性能和更高的精度，可以确保施工质量的提升；此外，新设备往往具有更低的能耗和更高的可靠性，可以降低施工成本。

（二）更新与升级的原则

在更新与升级设备时，应优先考虑技术先进性的设备，这些设备通常具有更高的施工效率和更好的施工质量。在选择新设备时，应综合考虑设备的性能、价格、维护成本等因素，确保更新与升级的经济合理性。

新设备应能够适应不同施工环境和施工需求，具有较强的通用性和灵活性。

（三）更新与升级的具体策略

在进行设备更新与升级前，施工企业应进行充分的市场调研和需求分析，了解当前市场上主流的施工设备及其性能特点，同时分析自身施工需求和施工环境，确定需要更新与升级的设备类型和数量。根据调研结果和需求分析，施工企业应制订详细的更新与升级计划，包括设备选型、采购、安装、调试等各个环节的具体安排和时间节点。

在更新与升级设备时，应积极引入先进的技术和智能化设备，如自动化控制系统、机器人施工等，以提高施工效率和施工质量。新设备的维护与管理同样重要。施工企业应建立完善的设备维护和管理制度，定期对设备进行保养和检查，确保设备的正常运行和使用寿命。

新设备的引入往往伴随着操作方法和维护方式的变化。因此，施工企业应加强对操作人员的培训和教育，使其能够熟练掌握新设备的操作和维护技能，确保设备的正常运用。

（四）更新与升级的风险防范

在设备更新与升级过程中，施工企业还需要注意风险防范。首先，应选择信誉良好的设备供应商，确保设备的质量和性能；其次，在更新与升级过程中，应充分考虑设备的兼容性和稳定性，避免因设备更新导致其他系统的故障；最后，施工企业应建立应急预案，对可能出现的设备故障或施工问题进行及时应对和处理。

第二节　幕墙施工设备的维护与保养

一、幕墙施工设备的日常维护与保养

幕墙施工设备是建筑幕墙安装过程中的重要工具，其正常运行对于保证施工进度和质量具有至关重要的作用。然而，由于设备在长期使用过程中会磨损、污染，因此，对幕墙施工设备进行日常维护与保养显得尤为重要。

（一）日常维护与保养的重要性

幕墙施工设备的日常维护与保养是确保设备正常运行、延长使用寿命、减少故障发生的关键措施。通过日常维护与保养，可以及时发现并处理设备存在的潜在问题，防止小问题演变为大故障；同时，可以保持设备的清洁和润滑，减少磨损和摩擦，提高设备的运行效率和使用寿命。此外，日常维护与保养还可以降低设备的维修成本，提高企业的经济效益。

（二）日常维护与保养的主要内容

保持设备的清洁是日常维护与保养的基础工作。每天工作结束后，应对设备进行全面的清洁，去除表面的灰尘、油污等。对于难以清洁的部位，应使用专用的清洁工具和清洁剂进行清洁。同时，要注意避免使用腐蚀性强的清洁剂，以免对设备造成损害。润滑是减少设备磨损、提高设备运行效率的重要手段。应按照设备说明书的要求，定期为设备的润滑部位添加润滑油或润滑脂。在润滑过程中，要注意选择合适的润滑剂和润滑方式，确保润滑效果良好。同时，要定期检查润滑油的使用情况，及时更换掉被污染的润滑油。

设备的紧固件如螺栓、螺母等在使用过程中可能会出现松动现象。因此，应定期检查这些紧固件的紧固情况，确保其牢固可靠。发现松动或损坏的紧固件应及时进行紧固或更换。定期检查设备的运行状态和性能是发现潜在问题的重要手段。应重点关注设备的电气系统、机械系统、液压系统等部件的运行情况，检查是否存在异常声音、异味、过热等现象。同时，要定期检查设备的安全装置和防护设施是否完好有效。

（三）日常维护与保养的注意事项

在进行设备的日常维护与保养时，应严格按照设备说明书的要求进行操作。设备说明书通常包含了设备的结构、性能、操作方法、维护要求等详细信息，是进行设备维护与保养的重要依据。在进行设备的清洁、润滑等操作时，应使用专用的工具和材料。这些专用工具和材料通常具有更好的适配性和效果，能够更好地保护设备并延长其使用寿命。

在进行设备的日常维护与保养时，应注意安全操作。例如，在清洁设备时应避免使用腐蚀性强的清洁剂；在润滑设备时应注意避免润滑油溅到皮肤上或眼睛中；在检查设备时应确保设备已停止运行并断开电源等。

（四）日常维护与保养的制度化管理

为确保幕墙施工设备的日常维护与保养工作得到有效执行，施工企业应建立相应的制度化管理机制。这包括制订详细的维护与保养计划、明确责任人和分工、建立维护与保养档案等。同时，应定期对维护与保养工作进行检查和考核，确保各项措施得到落实。

（五）维护与保养工作的创新与发展

随着科技的进步和行业的发展，幕墙施工设备的维护与保养工作也应不断创新与发展。例如，可以引入智能化的维护管理系统，通过传感器和数据分析等技术手段实现对设备状态的实时监测和预警；可以探索新的润滑材料和润滑方式，以提高设备的润滑效果和使用寿命；可以研究新的清洁技术和清洁材料，以降低清洁工作对设备造成的损害等。

二、幕墙施工设备的定期检查与维修

幕墙施工设备作为建筑幕墙安装过程中的关键要素，其性能的稳定性和可靠性直接关系到施工的质量和进度。因此，对幕墙施工设备进行定期的检查与维修至关重要。

（一）定期检查与维修的重要性

在长期使用过程中，由于磨损、老化、操作不当等原因，幕墙施工设备可能会出现各种故障。如果不及时进行检查与维修，这些故障可能会逐渐恶化，导致设备性能下降，甚至引发安全事故。因此，定期进行设备检查与维修，可以及时发现并处理潜在问题，防止故障扩大化，确保设备的正常运行和施工的安全进行。

（二）定期检查的内容与方法

外观检查是定期检查的基础，主要观察设备表面是否有损坏、变形、锈蚀等现象。同时，检查设备的连接部位是否紧固，电线电缆是否完好，有无破损或裸露情况。功能检查是对设备的各项功能进行测试，确保设备能够正常运行。例如，检查设备的启动、停止、调速等功能是否正常，是否有异常声音或振动。

性能测试是对设备的性能参数进行检测，如电机的功率、转速，液压系统的压力、流量等。通过性能测试，可以了解设备的性能状况，判断是否需要进行维修或更换部件。安全检查是对设备的安全装置和防护措施进行检查，确保其安全运行。例如，检查设备的急停按钮、限位开关等是否灵敏可靠，安全防护罩是否完整无损。

（三）维修工作的实施

在发现设备故障后，首先要进行故障诊断。通过对故障现象的观察和分析，确定故障的原因和部位。必要时，可以使用专业的检测仪器进行故障定位。根据故障诊断结果，制定详细的维修方案。维修方案应包括维修步骤、所需材料、维修周期等内容。同时，要考虑维修过程中的安全措施和环境保护要求。

按照维修方案进行设备的维修工作。在维修过程中，要注意操作规范和安全事项，确保维修质量和人员安全。对于需要更换的部件，应选择符合要求的原厂配件或替代品。维修完成后，要进行设备的验收工作。验收内容包括设备的外观、功能、性能等方面。只有验收合格的设备，才能重新投入使用。

（四）维修工作的注意事项

维修人员应具备相应的专业知识和技能，熟悉设备的结构和工作原理。同时，要具备高度的责任心和安全意识，确保维修工作的质量和安全。对每次维修工作都应进行详细记录，包括维修时间、维修人员、维修内容、更换部件等信息。维修记录有助于了解设备的维修历史，为后续的维修工作提供参考。除了对故障设备进行维修外，还应积极开展预防性维修工作。通过对设备的定期检查和维护，预防潜在的故障，延长设备的使用寿命。

（五）定期检查与维修工作的优化与创新

随着科技的进步，越来越多的先进检测技术被应用于设备检查与维修领域。施工企业可以引入这些技术，如红外线检测、振动分析等，提高设备故障检测的准确性和效率。通过建立智能化维修管理系统，实现设备信息的实时采集、传输和处理。系统可以根据设备的运行数据和维修记录，自动分析设备的状态，预测潜在故障，并给出相应的维修建议。

针对维修人员的专业素质要求，施工企业应定期开展培训和教育活动。通过培训，提高维修人员的技能水平和安全意识，使他们能够更好地适应维修工作的需要。

三、幕墙施工设备的故障预防与处理

幕墙施工设备作为建筑幕墙安装过程中的关键要素，其稳定运行对于保障施工质量和进度至关重要。然而，由于设备老化、操作不当、维护不当等原因，设备故障难以避免。因此，做好幕墙施工设备的故障预防与处理工作，对于降低故障发生率、提高设备使用效率具有重要意义。

（一）故障预防的重要性

故障预防是指在设备使用过程中，通过采取一系列措施，减少或消除故障发生的可能性。对幕墙施工设备而言，故障预防的重要性主要体现在以下几个方面：

首先，故障预防可以降低设备故障的发生率，减少因设备故障导致的施工中断和延误，从而保障施工进度。

其次，故障预防可以减少设备的维修成本，延长设备的使用寿命，提高设备的使用效率。

最后，故障预防可以提高施工企业的经济效益和市场竞争力，为企业的可持续发展奠定基础。

（二）故障预防措施

在选购幕墙施工设备时，应充分考虑设备的性能、质量、可靠性等因素，选择具有良好声誉的厂家和品牌。同时，在设备到货后，应严格按照验收标准进行验收，确保设备完好无损、性能达标。操作人员应熟悉设备的操作规程和安全要求，严格按照操作规程进行操作。同时，应定期对设备进行维护，包括清洁、润滑、紧固等，确保设备处于良好的工作状态。

施工企业应建立完善的设备检查与保养制度，定期对设备进行全面检查，及时发现并处理潜在的问题。对于易损件和关键部件，应定期进行更换和保养，防止因部件老化或损坏导致设备出现故障。设备的安全防护装置应完好有效，防止因操作失误或外部因素导致设备损坏或人员损伤。同时，设备上应设置明显的标识和警示语，提醒操作人员注意安全。设备在存放和保管过程中，应防止受潮、腐蚀、碰撞等。对于长期闲置的设备，应定期进行启动和检查，确保设备性能稳定。

（三）故障处理措施

尽管采取了上述预防措施，幕墙施工设备在使用过程中仍可能出现故障。因此，施工企业应建立完善的故障处理机制，及时应对设备故障。

在设备出现故障时，首先应进行故障诊断与定位。通过观察设备的现状、听取操作人员的描述、使用检测仪器等方式，确定故障的原因和部位。根据故障诊断结果，制定具体的故障处理方案。处理方案应包括维修步骤、所需材料、维修周期等内容。同时，要考虑维修过程中的安全事项和环境保护要求。

按照处理方案进行设备的维修与修复工作。在维修过程中，要注意操作规范和安全事项，确保维修质量和人员安全。对于需要更换的部件，应选择符合要求的原厂配件或替代品。维修完成后，应对设备进行验收与评估。验收内容包括设备的外观、功能、性能等方面。评估内容则是对故障处理效果的评价，包括维修质量、维修周期、维修成本等。

（四）故障处理过程中的注意事项

在故障处理过程中，安全应始终放在首位。维修人员应佩戴好安全防护用品，遵守安全操作规程，防止发生事故。设备故障发生后，应尽快响应并进行处理。长时间的故障停机会对施工进度和质量造成严重影响。

在处理设备故障时，应彻底解决问题，避免故障反复发生。对于复杂故障，应进行深入分析，找出根本原因并制定有效的解决方案。每次故障处理都是一次宝贵的学习机会，施工企业应总结故障处理过程中的经验教训，不断完善故障预防与处理措施。

四、幕墙施工设备的档案管理与信息化

随着建筑行业的快速发展，幕墙施工设备作为重要的施工工具，其管理与运用变得越发重要。幕墙施工设备的档案管理与信息化作为现代设备管理的重要组成部分，对于提高设备利用效率、保障施工安全和提升企业管理水平具有显著意义。

（一）幕墙施工设备档案管理的意义

幕墙施工设备档案管理是对设备从购置、使用、维修到报废全生命周期的信息记录和管理。其意义主要体现在以下几个方面：

追溯设备历史，确保设备安全使用。通过档案管理，可以清晰地了解设备的来源、使用情况、维修记录等，为设备的合理使用和安全管理提供依据。

优化资源配置，提高设备使用效率。档案管理有助于企业掌握设备的性能状况和使用情况，从而进行更合理的资源配置，提高设备使用效率。

为决策提供支持，降低企业成本。通过对设备档案的深入分析，企业可以了解设备的运行状况、维修成本等信息，为设备采购、更新和报废等决策提供依据，调控企业运营成本。

（二）幕墙施工设备档案管理的要点

建立完善的档案管理制度。企业应制定详细的档案管理规定，明确档案的内容、分类、保存期限等，确保档案管理的规范化和标准化。确保档案信息的准确性和完整性。在设备使用过程中，应及时记录设备的运行状况、维修情况等信息，确保档案信息的真实性和完整性。

加强档案的安全管理。档案中涉及企业的机密信息，应加强档案的安全管理，防止信息泄露和丢失。

（三）幕墙施工设备信息化的重要性

随着信息技术的快速发展，信息化已经成为现代企业管理的重要手段。幕墙施工设备信息化对于提高设备管理水平、降低管理成本具有重要意义。通过信息化手段，可以实现设备信息的快速录入、查询和共享，减少人工操作，提高管理效率。同时，信息化有助于减少纸质档案的使用，降低管理成本。

实现设备信息的实时监控和预警。信息化系统可以实时采集设备的运行数据，进行数据分析，实现设备的实时监控和预警。这有助于企业及时发现设备故障，采取相应措施，防止故障扩大化。

优化资源配置，提高设备使用效率。信息化系统可以为企业提供设备使用情况的统计数据，有助于企业了解设备的运行状况和使用情况，从而进行更合理的资源配置，提高设备使用效率。

（四）幕墙施工设备信息化的实施策略

制订信息化发展规划。企业应根据自身实际情况，制订详细的信息化发展规划，明确信息化建设的目标、步骤和措施。选择合适的信息化系统。企业应选择符合自身需求的信息化系统，确保系统的稳定性和安全性。同时，系统应具备数据采集、分析、预警等功能，满足设备管理的需求。

加强信息化培训与推广。企业应加强对员工的信息化培训，提高员工的信息化素养。同时，积极推广信息化系统的使用，确保系统的有效运行。不断完善信息化系统。随着企业发展和设备管理的需求变化，企业应不断完善信息化系统，优化系统功能，提高系统的实用性和便捷性。

（五）档案管理与信息化的融合发展

档案管理与信息化是相辅相成、相互促进的关系。档案管理为信息化提供基础数据和信息支撑，而信息化则可以提高档案管理的效率和水平。因此，企业应推动档案管理与信息化的融合发展，实现设备管理的全面升级。

具体来说，企业可以将档案信息纳入信息化系统，实现档案信息的数字化管理。通过信息化系统，可以方便地对档案信息进行查询、统计和分析，提高档案管理的效率和准确性。同时，信息化系统还可以为档案管理提供预警功能，及时发现潜在问题，为设备的安全运行提供保障。

第三节　幕墙施工技术的选择与应用

一、幕墙施工技术的选择与比较

幕墙作为现代建筑的重要组成部分，其施工技术选择对于确保建筑质量、提升建筑美感及满足功能需求具有至关重要的作用。随着科技的不断进步，幕墙施工技术也日新月异，各种新技术、新材料层出不穷。

（一）幕墙施工技术的分类

幕墙施工技术可根据材料、结构、安装方式等多种维度进行分类。常见的幕墙类型包括玻璃幕墙、石材幕墙、金属幕墙等，每种幕墙类型都有其独特的施工技术和要求。

　　玻璃幕墙以其通透、美观的特点在现代建筑中广泛应用。其施工技术包括框架安装、玻璃板块安装、密封处理等环节。其中，玻璃板块的安装需要特别注意板块的尺寸精度、安装位置的准确性及密封性的保证。石材幕墙以其坚固、耐久的特点受到人们青睐。其施工技术主要包括石材加工、干挂安装、防水处理等。石材的加工精度和安装质量直接影响到幕墙的整体效果和使用寿命。

　　金属幕墙具有轻质、美观、易加工等优点，广泛应用于现代建筑的外墙装饰。其施工技术包括金属板材的加工、安装、防腐处理等。金属板材的安装需要注意板材的平整度和接缝的处理。

（二）幕墙施工技术的选择与考虑因素

　　在选择幕墙施工技术时，需要综合考虑多种因素，以确保施工质量和效率。

　　建筑设计是幕墙施工的前提和基础。在选择幕墙施工技术时，必须充分考虑建筑设计的风格、色彩、材质等要求，确保幕墙与建筑整体风格相协调。不同材料具有不同的性能和特点，选择合适的材料对于确保幕墙的质量和性能至关重要。同时，材料的可用性也是需要考虑的因素之一，包括材料的采购、加工、运输等方面的便利性。

　　施工条件和环境因素对于幕墙施工技术的选择具有重要影响。例如，气候条件、施工场地、施工时间等因素都可能影响施工技术的选择和施工效果。成本预算是选择幕墙施工技术时需要考虑的重要因素之一。在确保施工质量和效果的前提下，应尽量选择成本较低、经济效益较好的施工技术。

（三）幕墙施工技术的比较与分析

　　不同幕墙施工技术各有优缺点，需要根据实际情况进行选择。以下是对几种常见幕墙施工技术的比较与分析：

　　玻璃幕墙具有通透、美观的特点，适用于追求现代感和开放性的建筑。然而，其施工难度较大，对安装精度和密封性要求较高，且成本相对较高。相比之下，石材幕墙具有坚固、耐久的特点，适用于需要强调质感和历史感的建筑。但其施工周期较长，加工和安装成本也较高。干挂式石材幕墙采用金属挂件将石材固定在框架上，具有安装简便、易于维修更换的优点。同时，干挂式安装可以有效避免石材因温度变化产生的伸缩变形，减少石材的开裂和脱落现象。然而，干挂式安装对材料的质量和加工精度要求较高，成本相对较高。湿贴式石材幕墙则采用水泥砂浆将石材粘贴在墙面上，施工成本较低。但湿贴式安装容易受到温度、湿度等环境因素的影响，可能导致石材的开裂和脱落。

在金属幕墙施工中，传统焊接技术具有连接强度高、稳定性好的优点。然而，焊接过程中产生的热应力可能导致材料变形和开裂，且焊接质量受到焊工技能水平的影响较大。相比之下，新型连接技术如螺栓连接、铆接等具有安装简便、易于拆卸更换的优点。这些新型连接技术还可以减少焊接过程中产生的热应力和变形问题，提高施工效率和质量。

（四）幕墙施工技术选择与比较的建议

在选择幕墙施工技术时，建议综合考虑建筑设计要求、材料性能与可用性、施工条件与环境因素及成本预算与经济效益等多方面因素。同时，可以对不同施工技术进行比较和分析，选择最适合项目需求和实际情况的施工技术。

此外，随着科技的不断进步和建筑行业的持续发展，新的幕墙施工技术不断涌现。因此，建议施工单位和从业人员保持对新技术的学习和关注，不断提升自身的技术水平和创新能力，以适应市场的变化和满足客户的需求。

二、幕墙施工技术的创新与应用

随着建筑行业的快速发展，幕墙作为现代建筑的重要组成部分，其施工技术也在不断创新与应用。幕墙施工技术的创新不仅提升了施工效率和质量，还满足了建筑设计的多样性和功能性需求。

（一）幕墙施工技术创新的背景与意义

随着科技的不断进步和建筑行业的持续发展，传统的幕墙施工技术已难以满足现代建筑的需求。因此，幕墙施工技术的创新成为行业发展的必然趋势。创新技术的应用不仅提高了施工效率，降低了成本，还增强了幕墙的安全性、耐久性和美观性。

幕墙施工技术创新的意义在于推动建筑行业的进步和发展。通过技术创新，可以实现更加环保、节能和智能化的建筑幕墙，为城市建设和可持续发展做出贡献。同时，技术创新还可以提升建筑企业的竞争力，促进企业的可持续发展。

（二）幕墙施工技术的创新点

随着材料科学的不断发展，新型幕墙材料如高性能玻璃、复合板材、智能材料等不断涌现。这些新型材料具有优异的物理性能和美观性，为幕墙施工提供了更多的选择。例如，高性能玻璃具有隔热、隔音和防紫外线等优势，可以有效提高建筑的舒适性和节能性。

智能化施工技术的应用给幕墙施工带来了革命性的变化。通过引入机器人、无人机、自动化设备等智能化施工设备，可以实现幕墙施工的自动化、精准化和高效化。同时，智能化施工技术还可以提高施工安全性，降低人工成本，提升施工质量。绿色施工技术强调在幕墙施工过程中减少对环境的负面影响，实现资源的合理利用和环境的可持续发展。例如，采用节能设备、循环利用材料、减少废弃物排放等措施，可以降低能耗、减少污染，实现绿色施工。

（三）幕墙施工技术创新的应用案例

数字化设计与施工技术是幕墙施工技术创新的重要方向之一。通过采用 BIM（建筑信息模型）技术，可以实现幕墙设计的三维可视化、模拟分析和优化。在施工过程中，利用数字化技术可以精准定位、自动控制和实时监测施工进度和质量，提高施工效率和质量。智能化安装技术通过引入机器人、自动化设备等智能化设备，实现了幕墙板块的自动抓取、定位和安装。这种技术不仅提高了安装精度和效率，还降低了人工成本和安全风险。例如，在某些大型幕墙工程中，采用智能化安装技术可以大大缩短施工周期，提高工程质量。

在幕墙施工中，绿色节能技术的应用也日益广泛。例如，采用双层中空玻璃、LOW-E 玻璃等高性能玻璃材料，可以有效提高幕墙的保温隔热性能；利用光伏发电技术，将太阳能转化为电能供幕墙使用，实现能源的可持续利用；同时，通过雨水收集利用、绿化植被等措施，可以实现幕墙的节水、节地和生态环保。

（四）幕墙施工技术创新面临的挑战与对策

尽管幕墙施工技术创新取得了显著成果，但仍面临着一些挑战。首先，技术创新需要投入大量的人力、物力和财力，对一些小型企业而言可能难以承受。其次，新技术的推广和应用需要得到行业内的广泛认可和支持，这需要加强行业内的交流与合作。此外，随着技术的不断发展，幕墙施工技术的更新换代速度加快，企业需要及时跟进并掌握新技术，以保持竞争优势。

为了应对这些挑战，企业可以采取以下对策：一是加强技术创新投入，提高自主创新能力；二是加强与高校、科研机构的合作，引进先进技术和管理经验；三是加强行业内的交流与合作，共同推动幕墙施工技术的发展；四是加强人才培养和引进，提高从业人员的专业素养和技能水平。

三、传统幕墙施工技术的优化与改进

随着建筑行业的不断发展，幕墙作为现代建筑的重要组成部分，其施工技术也在不断进步和完善。然而，传统幕墙施工技术在实际应用中仍存在一些问题和不足之处，需要进行优化和改进。

（一）传统幕墙施工技术优化与改进的必要性

传统幕墙施工技术的优化与改进对于提升施工效率、降低成本、保障工程质量具有重要意义。传统幕墙施工技术可能存在施工周期长、成本高、质量控制难度大等问题，而优化和改进后的技术能够更好地适应现代建筑的需求，提高施工效率和质量，降低工程成本，促进建筑行业的可持续发展。

（二）传统幕墙施工技术优化与改进的方向

针对传统幕墙施工流程中存在的烦琐、重复等问题，可以通过优化施工流程来提高施工效率。例如，采用预制化、模块化的施工方法，将幕墙板块进行标准化生产，减少现场加工和安装的工作量；同时，合理安排施工顺序，减少交叉作业，提高施工效率。

施工设备的性能直接影响到施工效率和质量。因此，对施工设备进行改进是优化幕墙施工技术的重要手段。例如，引入自动化、智能化的施工设备，如自动化焊接设备、智能测量仪器等，可以提高施工精度和效率；同时，采用高效节能的施工设备，可以降低能耗，实现绿色施工。

材料的选择对于幕墙施工的质量和性能至关重要。优化传统幕墙施工技术需要注重材料的选择与改进。例如，选用高强度、耐腐蚀、耐候性好的材料，可以提高幕墙的耐久性和安全性；同时，积极研发新型环保材料，如绿色节能玻璃、可再生材料等，可以实现幕墙的环保和可持续发展。

施工质量管理是确保幕墙施工质量的关键环节。优化传统幕墙施工技术需要加强施工质量管理，包括建立完善的质量管理体系、制定严格的施工规范和操作流程、加强质量监督和检验等。通过加强施工质量管理，可以有效提高幕墙施工的质量水平，确保工程的安全性和稳定性。

（三）传统幕墙施工技术优化与改进的具体措施

积极引进国内外先进的幕墙施工技术和管理理念，结合实际情况进行消化吸收和创新应用。例如，借鉴国外的预制装配式建筑技术，将其应用于幕墙施工中，可以提高施工效率和质量；同时，引入精益化管理的理念，优化施工流程和管理体系，实现资源的合理利用和成本的降低。

加大技术研发的投入力度，推动幕墙施工技术的创新和应用。鼓励企业与研究机构、高校等合作开展技术研发项目，共同推动幕墙施工技术的进步。同时，加强人才培养和引进工作，培养一批掌握先进施工技术和管理知识的专业人才，为幕墙施工技术的优化与改进提供人才保障。

积极响应国家绿色发展的号召，推广绿色施工和节能减排技术在幕墙施工中的应用。例如，采用节能型施工设备、绿色建材等，降低能耗和减少排放；同时，加强施工现场的环境管理，减少施工对环境的污染和破坏。

（四）传统幕墙施工技术优化与改进的挑战与应对策略

虽然优化与改进后的幕墙施工技术具有诸多优势，但在实际操作中也面临着一些挑战。首先，新技术的引进和应用需要投入大量的人力、物力和财力，这对一些小型企业而言可能是一个难题。其次，新技术的推广和应用需要得到行业内的广泛认可和支持，这需要加强行业内的交流与合作。此外，随着技术的不断发展，幕墙施工技术的更新换代速度加快，企业需要及时跟进并掌握新技术，以保持竞争优势。

为了应对这些挑战，企业可以采取以下策略：一是加大技术创新投入，提高自主创新能力，通过研发新技术、新材料和新工艺来提升竞争力；二是加强与高校、科研机构的合作，引进先进技术和管理经验，借助外部力量推动企业的技术进步；三是加强行业内的交流与合作，共同推动幕墙施工技术的发展，形成行业合力；四是加强人才培养和引进工作，提高从业人员的专业素养和技能水平，为企业的发展提供有力的人才保障。

四、幕墙施工技术的培训与推广

随着建筑行业的蓬勃发展，幕墙作为现代建筑的重要组成部分，其施工技术的要求也越来越高。为确保幕墙施工的质量和安全性，培训与推广幕墙施工技术显得尤为重要。

（一）幕墙施工技术培训的重要性

幕墙施工技术培训对于提高从业人员的专业素养和技能水平具有重要意义。通过培训，可以使从业人员掌握幕墙施工的基本原理、工艺流程和操作规范，提高其施工技能和安全意识。同时，培训还有助于推广先进的幕墙施工技术和管理经验，促进施工技术的创新与应用。

（二）幕墙施工技术培训的内容与形式

1. 培训内容

幕墙施工技术培训的内容应涵盖以下几个方面：

（1）幕墙施工基础知识：包括幕墙的类型、结构、材料等方面的基本知识，使从业人员对幕墙有全面的了解。

（2）施工工艺与流程：详细介绍幕墙施工的各个环节，包括测量、定位、安装、调试等，使从业人员掌握正确的施工方法和操作规范。

（3）安全管理与质量控制：强调施工过程中的安全注意事项和质量要求，提高从业人员的安全意识和质量意识。

（4）新技术与新工艺：介绍当前幕墙施工领域的新技术和新工艺，使从业人员了解行业发展趋势，掌握前沿技术。

2. 培训形式

幕墙施工技术培训的形式可以多样化，以满足不同从业人员的需求。常见的培训形式包括以下几种：

（1）线下培训：组织专业的讲师进行面对面授课，通过理论讲解、案例分析、实践操作等方式进行培训。

（2）线上培训：利用网络平台进行远程授课，使从业人员可以随时随地学习幕墙施工技术知识。

（3）现场观摩：组织从业人员参观幕墙施工现场，了解实际施工情况，加深对施工技术的理解。

（三）幕墙施工技术推广的策略与途径

1. 推广策略

（1）政府引导：政府可以通过制定相关政策，鼓励和支持幕墙施工技术的研发、推广和应用，为企业提供相应的扶持和优惠政策。

（2）行业协会推动：行业协会可以组织幕墙施工企业、高校、科研机构等开展技术交流和合作，促进幕墙施工技术的创新和推广。

（3）企业自主推广：企业可以通过举办技术研讨会、展示会等活动，宣传自身的幕墙施工技术和成果，提高品牌知名度和市场竞争力。

2. 推广途径

（1）媒体宣传：利用电视、广播、报纸、网络等媒体渠道，广泛宣传幕墙施工技术的优点和应用效果，提高公众对幕墙施工技术的认知度和接受度。

（2）案例展示：通过展示成功的幕墙施工案例，展示幕墙施工技术的实际应用效果和优势，增强从业人员的信心和兴趣。

（3）技术培训与推广相结合：将技术培训与推广活动相结合，通过培训活动向从业人员普及幕墙施工技术知识，同时通过推广活动展示最新的技术成果和施工工艺。

（四）幕墙施工技术培训与推广的难点与解决方案

1. 难点

（1）从业人员水平参差不齐：由于幕墙施工行业从业人员的水平参差不齐，培训与推广的难度较大。

（2）新技术推广成本高：新技术的研发和推广需要投入大量的人力、物力和财力，对一些小型企业而言可能难以承受。

（3）市场竞争激烈：随着幕墙施工市场的不断扩大，竞争也越来越激烈，如何在众多企业中脱颖而出成为推广的难点。

2. 解决方案

（1）针对不同水平从业人员开展分层培训：根据从业人员的实际情况，开展不同层次的培训活动，确保培训内容与实际需求相匹配。

（2）建立技术研发与推广合作机制：通过政府、行业协会、企业等多方合作，共同投入资源开展技术研发和推广工作，降低企业推广成本。

（3）提升品牌影响力和市场竞争力：通过加强品牌建设、提高施工质量和服务水平等方式，提升企业的市场竞争力和品牌影响力，为推广幕墙施工技术创造有利条件。

第四节　幕墙施工技术的创新与研发

一、幕墙施工技术创新的必要性与意义

随着建筑行业的快速发展，幕墙作为现代建筑的重要组成部分，其施工技术不断面临新的挑战和机遇。幕墙施工技术创新不仅是提升施工效率、降低成本的关键，更是推动建筑行业可持续发展的重要手段。

（一）幕墙施工技术创新的必要性

随着城市化进程的加快，建筑行业也蓬勃发展。现代建筑对幕墙的要求越来越高，不仅要求美观、耐用，还要求节能环保、易于维护。传统的幕墙施工技术已难以满足这些需求，因此，必须进行技术创新，以适应建筑行业的发展趋势。

传统的幕墙施工技术往往存在施工周期长、质量不稳定等问题。通过技术创新，可以引入先进的施工设备、材料和工艺，提高施工效率和质量。例如，采用预制化、模块化的施工方法，可以大大减少现场加工和安装的工作量，缩短施工周期；同时，采用高精度的测量和定位技术，可以确保幕墙安装的准确性和稳定性。

技术创新还可以帮助降低幕墙施工的成本。通过优化施工流程、提高材料利用率、减少人工操作等方式，可以降低施工成本，提高企业的经济效益。此外，采用新型的环保材料和技术，还可以减少对环境的影响，实现绿色施工。

（二）幕墙施工技术创新的意义

幕墙施工技术创新是推动建筑行业可持续发展的重要手段。通过引入先进的施工技术和管理理念，可以提高资源利用效率，减少能源消耗和环境污染，实现建筑行业的绿色发展。同时，技术创新还可以推动建筑行业的转型升级，提升整个行业的竞争力和影响力。幕墙施工技术创新是推动施工技术不断进步的重要途径。通过不断研发和应用新技术、新材料和新工艺，可以不断提升施工技术的水平和质量。这不仅有助于解决传统施工技术中存在的问题和不足，还可以为未来的幕墙施工提供更多的选择和可能性。

幕墙施工技术创新是企业提升核心竞争力的关键。在激烈的市场竞争中，拥

有先进施工技术的企业往往能够脱颖而出，赢得更多的市场份额和客户信任。通过技术创新，企业可以不断提升自身的施工能力和服务水平，树立良好的品牌形象和口碑。

（三）幕墙施工技术创新的路径与方法

企业应加大对幕墙施工技术研发的投入力度，积极引进和培养高素质的研发人才，加强与高校、科研机构等的合作与交流，共同推动幕墙施工技术的创新与发展。企业应积极引进先进的施工设备和技术，如自动化焊接设备、智能测量仪器等，以提高施工效率和质量。同时，还应关注国际上的最新技术和趋势，及时引进和应用到实际施工中。

企业应通过优化施工流程和管理模式来降低施工成本。例如，采用预制化、模块化的施工方法可以减少现场加工和安装的工作量；引入精益化管理的理念可以提高资源利用效率和管理效率等。企业应重视幕墙施工技术人才的培养和团队建设。通过定期的培训和学习活动，提高施工人员的专业素养和技能水平；同时，加强团队建设，提升团队凝聚力和协作能力，确保施工项目的顺利完成。

（四）幕墙施工技术创新面临的挑战与对策

目前，一些企业在幕墙施工技术创新方面的投入仍然不足，导致技术创新进展缓慢。对此，政府应出台相关政策，鼓励企业增加技术创新投入；同时，企业也应认识到技术创新的重要性，加大自身投入力度。

技术创新往往伴随着一定的风险，如技术失败、市场不接受等。为降低风险，企业应加强市场调研和预测，确保技术创新符合市场需求；同时，建立健全的风险管理机制，对可能出现的风险进行及时预警和应对。幕墙施工技术创新需要高素质的技术人才支持。然而，目前行业内技术人才短缺的问题仍然突出。因此，企业应加强与高校、职业培训机构等的合作，共同培养幕墙施工技术人才；同时，通过提供良好的职业发展平台和待遇，吸引更多人才加入幕墙施工行业。

二、幕墙施工技术创新的方向与重点

随着建筑行业的不断发展，幕墙作为现代建筑的重要组成部分，其施工技术也在不断创新和进步。幕墙施工技术创新的方向与重点，不仅关系到施工效率和质量，更影响到整个建筑行业的可持续发展。

（一）技术创新的方向

随着信息技术的飞速发展，智能化施工技术已成为幕墙施工创新的重要方向。通过引入自动化、机器人等先进技术，实现幕墙施工的智能化、自动化，可以显著提高施工效率和质量。例如，利用智能测量和定位技术，可以实现幕墙安装的精准度提升；利用智能监测和预警系统，可以实时掌握施工过程中的安全和质量状况，确保施工顺利进行。

在环保理念日益深入人心的背景下，绿色施工技术成为幕墙施工创新的另一重要方向。绿色施工技术旨在通过优化施工流程、使用环保材料、降低能耗等方式，减少施工对环境的负面影响。例如，采用预制化、模块化的施工方法，可以减少现场加工和安装过程中产生的废弃物；使用可再生、可降解的环保材料，可以减少施工过程中的碳排放。

节能是幕墙施工技术创新的又一重要方向。通过研发和应用新型节能技术，可以提高幕墙的保温、隔热性能，降低建筑能耗。例如，研发具有更高隔热性能的幕墙材料，可以减少热量传递；优化幕墙的通风设计，可以提高室内空气质量并降低空调能耗。

（二）技术创新的重点

材料是幕墙施工技术创新的基础。随着科技的进步，新型材料不断涌现，为幕墙施工提供了更多选择。未来，幕墙施工技术创新的重点之一将是研发更高性能、更环保、更经济的新型材料。例如，研发具有更高强度、更轻质等特点的金属材料，可以提高幕墙的承载能力和安全性；研发具有更好的保温、隔热性能的新型玻璃材料，可以降低建筑能耗。

工艺是幕墙施工技术创新的关键。通过优化施工工艺，可以提高施工效率和质量，降低成本。未来，幕墙施工技术创新的重点将包括研发更加高效、精准的施工工艺和设备。例如，研发自动化、智能化的施工设备，可以减少人工操作，提高施工效率；优化幕墙安装的工艺流程，可以减小误差，提高安装质量。

设计是幕墙施工技术创新的重要组成部分。通过创新设计，可以实现幕墙的美观性、功能性和安全性的提升。未来，幕墙施工技术创新的重点将包括研发更加人性化、个性化的设计方案。例如，根据建筑的功能需求和地域文化特点，设计具有独特风格的幕墙；通过引入智能化设计技术，实现对幕墙的智能控制和管理。

（三）技术创新面临的挑战与对策

随着幕墙施工技术的不断创新，相关技术标准和规范也需要不断更新和完善。然而，目前行业内仍存在技术标准不统一、规范滞后等问题。为应对这一挑战，应加强对幕墙施工技术标准与规范的研究和制定工作，确保技术创新与标准规范同步发展。

幕墙施工技术创新需要高素质的人才支持。然而，目前行业内专业人才短缺、团队素质参差不齐的问题仍然突出。为提升人才素质和团队建设水平，应加强对幕墙施工技术人才的培养和引进工作，建立健全的人才培养机制；同时，加强团队建设，提升团队凝聚力和协作能力，为技术创新提供有力保障。

幕墙施工技术创新需要大量的资金投入和政策扶持。然而，目前一些企业在技术创新方面的投入仍然不足，政策支持也尚待加强。为鼓励企业加大技术创新投入，政府应出台相关政策，如提供税收优惠、资金支持等；同时，企业也应认识到技术创新的重要性，加大自身投入力度，推动技术创新不断发展。

三、幕墙施工技术研发的流程与方法

幕墙施工技术研发是建筑行业持续发展的重要推动力，它涉及多个环节和复杂的技术过程。一个完整且有效的研发流程与方法，不仅能确保技术创新的顺利进行，还能提升施工效率和质量，为建筑行业带来更大的价值。

（一）幕墙施工技术研发的流程

幕墙施工技术研发的首要步骤是进行需求分析与市场调研。这一步骤的关键在于深入了解市场需求、客户期望及当前技术的局限性。通过收集和分析相关数据，确定技术研发的方向和目标，为后续的研发工作奠定基础。

在明确了研发需求后，接下来是技术方案的设计与评估。这一阶段需要充分发挥技术人员的创造力，设计出具有创新性和实用性的技术方案。同时，对设计方案进行全面的评估，包括技术可行性、经济成本、施工难度等方面，确保方案的有效性和可行性。

实验研究与验证是幕墙施工技术研发的关键环节。在这一阶段，需要通过实验室研究、现场试验等方式，对技术方案进行验证和优化。通过不断的实验和修正，确保技术方案的可靠性和稳定性。

在技术研发取得成功后，需要对技术成果进行总结和推广。这一阶段包括对技术成果进行整理、编写技术报告、申请专利等工作，以及通过各种渠道向行业内外宣传和推广技术成果，促进技术的广泛应用和产业化发展。

（二）幕墙施工技术研发的方法

幕墙施工技术研发涉及多个学科领域,如材料科学、结构力学、自动化控制等。因此，跨学科合作与资源整合是技术研发的重要方法。通过与其他学科领域的专家和企业进行合作，共享资源和经验，可以加速技术研发的进程，提高创新效率。

创新驱动是幕墙施工技术研发的核心方法。通过不断引入新技术、新材料和新工艺，推动技术的创新和发展。同时，持续改进也是技术研发不可或缺的一环。在技术研发过程中，需要不断对技术方案进行优化和改进，提升技术的性能和可靠性。

在幕墙施工技术研发中，引进国外先进技术并进行消化再创新是一种有效的方法。通过引进国外先进的技术和设备，学习其优点和长处，并结合国内实际情况进行改进和创新，可以快速提升国内幕墙施工技术的水平和竞争力。

人才培养和团队建设是幕墙施工技术研发的基础保障。通过加强人才培养和引进工作，建立一支高素质、专业化的研发团队；同时，加强团队建设，提升团队凝聚力和协作能力，为技术研发提供有力的人才支持。

（三）幕墙施工技术研发的挑战与对策

在幕墙施工技术研发中，技术创新与市场需求匹配是一个重要挑战。为应对这一挑战，需要加强市场调研和需求分析工作，深入了解市场需求和客户期望；同时，在技术研发过程中注重实用性和经济性，确保技术成果能够满足市场需求并实现商业价值。

技术成果转化与应用是幕墙施工技术研发的另一个难题。为解决这一问题，需要建立完善的成果转化机制和应用推广体系；同时，加强与政府、行业协会等机构的合作，争取政策支持和市场推广资源，推动技术成果的广泛应用和产业化发展。

四、幕墙施工技术创新成果的评估与推广

随着建筑行业的飞速发展，幕墙施工技术不断创新，为建筑的美观性、功能性和安全性提供了有力保障。然而，技术创新成果的评估与推广却是一个复杂而关键的过程，它关系到技术创新的实际应用价值和行业影响力。

（一）幕墙施工技术创新成果的评估

技术创新性是评估幕墙施工技术创新成果的首要指标。在评估过程中，需要关注技术成果的新颖性、原创性和实用性。新颖性体现在技术成果是否突破了现有技术的局限，为行业带来了新的思路和方法；原创性则强调技术成果是否具备独立的知识产权，能否为行业树立新的标杆；实用性则要求技术成果能够在实际施工中得到应用，并带来明显的效益提升。

经济效益是评估幕墙施工技术创新成果的重要方面。在评估过程中，需要分析技术成果在降低成本、提高施工效率、增加建筑价值等方面的表现。具体而言，可以通过对比使用新技术前后的成本差异、工期变化及建筑质量提升等指标，来量化技术成果的经济效益。

社会效益是评估幕墙施工技术创新成果的另一个重要维度。技术成果在推动行业技术进步、提高建筑行业的整体竞争力、促进绿色建筑和可持续发展等方面的贡献，都是评估其社会效益的重要内容。此外，技术成果对于提升施工安全性、改善施工环境等方面的影响，也是评估社会效益不可忽视的因素。

（二）幕墙施工技术创新成果的推广

制定有效的推广策略是幕墙施工技术创新成果推广的关键。首先，需要明确推广目标，即确定技术成果的应用范围和受众群体。其次，选择合适的推广渠道，如行业会议、技术论坛、专业媒体等，以便将技术成果的信息传递给潜在用户。此外，还可以通过与行业协会、高校科研机构等合作，共同推动技术成果的推广和应用。

宣传与培训是幕墙施工技术创新成果推广的重要手段。通过制作宣传资料、发布技术文章、举办培训班等方式，向广大从业者普及技术成果的特点、优势和应用方法。同时，邀请行业专家和技术人员进行现场演示和讲解，可以让潜在用户更直观地了解技术成果的实际效果，提高其对技术成果的接受度和信任度。

建立示范工程是推广幕墙施工技术创新成果的有效途径。通过在实际项目中应用新技术，展示其优越性和实用性，可以吸引更多用户的关注和认可。同时，示范工程还可以为潜在用户提供实地参观和学习的机会，让他们更深入地了解技术成果的应用情况，为后续的推广和应用打下坚实基础。

政策扶持和市场引导在幕墙施工技术创新成果推广中起着重要作用。政府可以通过出台相关政策，如税收优惠、资金支持等，鼓励企业加大技术创新投入，推动技术成果的转化和应用。同时，市场也可以通过需求引导、价格机制等方式，促进技术成果的推广和应用。例如，通过提高绿色建筑标准、推广节能建筑等方式，可以引导市场需求向技术创新成果倾斜，为技术成果的推广创造有利条件。

（三）幕墙施工技术创新成果评估与推广的挑战与对策

目前，幕墙施工技术创新成果的评估标准尚不统一，导致评估结果存在主观性和差异性。为应对这一挑战，应加快制定和完善统一的评估标准，明确评估指标和评估方法，确保评估结果的客观性和公正性。在推广过程中，如何有效地拓展推广渠道、提高推广效果是一个重要问题。为此，应积极探索新的推广方式，如利用互联网、社交媒体等新媒体平台进行宣传和推广；同时，优化现有推广渠道，提高推广的针对性和有效性。

用户接受度是影响幕墙施工技术创新成果推广的关键因素。为提高用户的接受度，应加强对潜在用户的宣传和培训，提高他们的技术认知和应用能力；同时，关注用户需求和市场变化，以不断优化技术成果，使其更符合市场需求和用户期望。

第七章　幕墙施工质量与安全管理

第一节　幕墙施工质量管理的体系与制度

一、幕墙施工质量管理体系的构建

随着建筑行业的快速发展，幕墙作为现代建筑的重要组成部分，其施工质量直接关系到整个建筑的安全性和美观性。因此，构建一套完善的幕墙施工质量管理体系显得尤为重要。

（一）幕墙施工的特点及其对质量管理体系的要求

幕墙施工具有工艺复杂、技术要求高、施工周期长等特点。在施工过程中，需要涉及材料采购、加工制作、安装调试等多个环节，每个环节都对施工质量有着直接或间接的影响。因此，幕墙施工质量管理体系的构建需要充分考虑这些特点，确保质量管理体系的针对性和有效性。

具体而言，幕墙施工质量管理体系应满足以下要求：一是全面性，即涵盖幕墙施工的各个环节和方面，确保施工质量的全面控制；二是可操作性，即质量管理体系应具体、明确，便于施工人员的理解和执行；三是灵活性，即能够适应不同幕墙项目的特点和需求，进行针对性的调整和优化。

（二）幕墙施工质量管理体系的构建原则

在构建幕墙施工质量管理体系时，应遵循以下原则：

顾客导向原则：以满足客户需求为出发点，确保施工质量符合客户期望和要求。

预防为主原则：强调事前控制和预防，通过制定科学的施工方案和采取有效的管理措施，减少施工质量问题的发生。

全员参与原则：鼓励全体施工人员积极参与质量管理体系的构建和实施，形成共同的质量意识和责任感。

持续改进原则：不断优化质量管理体系，提高施工质量的稳定性和可靠性。

（三）幕墙施工质量管理体系的主要内容

幕墙施工质量管理体系应包括以下主要内容：

质量管理组织体系：建立明确的质量管理组织架构，明确各级人员的职责和权限，确保质量管理体系的有效运行。

质量管理制度体系：制定完善的质量管理制度，包括材料采购制度、加工制作制度、安装调试制度等，为施工质量的控制提供制度保障。

质量控制流程：建立科学的质量控制流程，包括施工前准备、施工过程控制、施工后验收等环节，确保施工质量的全面控制。

质量检测与评估体系：建立质量检测与评估体系，对施工过程中的关键节点和关键环节进行定期检测和评估，及时发现并处理潜在的质量问题。

质量信息管理体系：建立质量信息管理体系，对施工过程中的质量信息进行收集、整理、分析和利用，为质量管理体系的持续改进提供依据。

（四）幕墙施工质量管理体系的实施方法

为确保幕墙施工质量管理体系的有效实施，应采取以下措施：

加强人员培训：对全体施工人员进行质量管理体系的培训，提高他们对质量管理体系的认识和理解，确保他们能够按照质量管理体系的要求进行施工。

强化监督检查：建立监督检查机制，对施工过程进行定期和不定期的监督检查，确保施工质量的稳定和可靠。

落实奖惩制度：建立奖惩制度，对在质量管理体系实施过程中表现突出的个人和团队进行表彰和奖励，对违反质量管理体系要求的行为进行惩处并及时纠正。

持续改进优化：定期对质量管理体系进行评估和改进，根据施工实际情况和市场变化，对质量管理体系进行优化和调整，确保其适应性和有效性。

（五）幕墙施工质量管理体系的保障措施

为确保幕墙施工质量管理体系的顺利实施和有效运行，还需要采取以下保障措施：

领导重视与支持：企业领导应充分认识到幕墙施工质量管理体系的重要性，给予充分的重视和支持，为质量管理体系的建设和运行提供有力的组织保障。

资源投入与保障：企业应投入足够的资源，包括人力、物力、财力等，确保质量管理体系的顺利实施和运行。同时，加强与其他部门的沟通与协作，形成合力，共同推动质量管理体系的建设和发展。

文化建设与宣传：加强企业质量文化建设，营造浓厚的质量文化氛围。通过宣传、教育等方式，提高全体员工的质量意识和责任感，形成共同追求高质量、创造高价值的良好氛围。

二、幕墙施工质量管理制度的制定

幕墙作为现代建筑的重要组成部分，其施工质量直接关系到整个建筑的安全性、美观性和功能性。因此，制定一套科学、合理、实用的幕墙施工质量管理制度显得尤为重要。

（一）制定幕墙施工质量管理制度的目的

制定幕墙施工质量管理制度的主要目的是规范幕墙施工过程中的质量管理行为，确保施工质量符合设计要求和相关标准，提高幕墙工程的整体质量水平。具体而言，该制度旨在实现以下目标：

明确质量管理的职责和权限，确保质量管理工作的有序开展；

提供施工过程中的质量控制标准和要求，指导施工人员规范操作；

强化质量意识和责任意识，提高全体人员的质量管理水平；

预防和减少质量问题的发生，降低质量风险；

为质量改进和持续优化提供制度保障。

（二）制定幕墙施工质量管理制度的原则

在制定幕墙施工质量管理制度时，应遵循以下原则：

科学性原则：制度应基于科学的质量管理理论和方法，结合幕墙施工的实际特点制定，确保制度的有效性和实用性。

全面性原则：制度应涵盖幕墙施工的全过程，包括材料采购、加工制作、安装调试等各个环节，确保质量管理的全面性。

可操作性原则：制度应具体、明确，便于施工人员理解和执行，避免过于抽象或模糊的规定。

灵活性原则：制度应具有一定的灵活性，能够适应不同幕墙项目的特点和需求，方便进行针对性的调整和优化。

（三）幕墙施工质量管理制度的主要内容

幕墙施工质量管理制度应包含以下内容：

质量管理组织架构与职责：明确质量管理的组织架构，包括质量管理部门、质量管理人员及其职责和权限，确保质量管理工作的顺利开展。

质量方针与目标：确立明确的质量方针和目标，为幕墙施工提供质量方向和指导，确保施工质量的不断提升。

质量管理制度与流程：建立完善的质量管理制度和流程，包括材料检验制度、工艺控制制度、质量检查制度等，确保施工过程的规范化和标准化。

质量教育与培训：加强质量教育和培训，提高全体人员的质量意识和技能水平，确保施工人员能够按照制度要求进行施工。

质量信息与记录管理：建立质量信息收集和记录机制，对施工过程中的质量数据进行收集、整理和分析，为质量改进提供依据。

质量检查与验收：制定严格的质量检查与验收标准，对幕墙施工的关键环节和部位进行重点检查，确保施工质量的合格性。

质量问题处理与预防：建立质量问题处理和预防机制，对施工中出现的质量问题进行及时处理，分析原因并采取预防措施，防止类似问题的再次发生。

（四）幕墙施工质量管理制度的实施与监督

为确保幕墙施工质量管理制度的有效实施，需要采取以下措施：

加强组织领导：企业领导应高度重视幕墙施工质量管理制度的实施工作，为制度的执行提供有力的组织保障。

落实责任到人：明确各级人员在制度实施中的具体责任和任务，确保各项制度措施能够得到有效执行。

强化监督检查：建立监督检查机制，定期对幕墙施工质量管理制度的执行情况进行检查和评估，发现问题及时整改。

激励与约束机制：建立激励与约束机制，对在制度实施中表现突出的个人和团队进行表彰和奖励，对违反制度的行为进行惩处和纠正。

持续改进与优化：定期对幕墙施工质量管理制度进行评估和改进，根据施工实际情况和市场变化对制度进行修订和完善，确保其适应性和有效性。

三、幕墙施工质量管理的流程与标准

幕墙施工是建筑工程中的重要环节，其质量直接关系到建筑的整体性能和使用寿命。为了确保幕墙施工的高质量完成，需要制定科学的质量管理流程与标准。

（一）幕墙施工质量管理的流程

幕墙施工质量管理的流程主要包括施工前准备、施工过程控制及施工后验收三个阶段。

1. 施工前准备阶段

技术准备：编制详细的施工方案和技术文件，明确施工要求、质量标准和施工工艺，为施工提供技术依据。

材料准备：按照设计要求，采购合格的幕墙材料，并进行必要的检验和试验，确保材料质量符合标准。

人员准备：组建专业的施工队伍，进行必要的技术培训和安全教育，提高施工人员的技能水平和安全意识。

现场准备：对施工现场进行勘察和测量，确定施工范围和施工顺序，搭设必要的临时设施，为施工创造有利条件。

2. 施工过程控制阶段

工序控制：按照施工方案和技术文件的要求，对每道工序进行严格控制，确保每道工序的质量符合标准。

质量检查：在施工过程中，定期进行质量检查，对发现的质量问题及时进行处理和整改，防止质量问题扩大化。

质量控制：通过制定质量控制点，对关键部位和关键环节进行重点控制，确保施工质量的稳定性和可靠性。

记录管理：对施工过程中的质量数据进行收集、整理和分析，形成完整的施工记录，为质量追溯和质量改进提供依据。

3. 施工后验收阶段

验收准备：整理施工记录和相关资料，编制验收报告，为验收工作做好准备。

验收实施：按照验收标准和程序，对幕墙工程进行全面检查，确保各项质量指标符合设计要求和相关标准。

问题处理：对验收过程中发现的问题进行整改和处理，直至达到验收标准。

验收总结：对验收工作进行总结，分析质量问题的原因和教训，提出改进措施和建议。

（二）幕墙施工质量管理的标准

幕墙施工质量管理的标准主要包括材料标准、工艺标准、验收标准等方面。

幕墙材料应符合国家相关标准和设计要求，具有良好的物理性能和化学稳定性。对于关键材料，如铝型材、玻璃、密封胶等，应选用知名品牌和优质产品，并经过严格的质量检验和认证。

幕墙施工工艺应符合行业规范和技术要求，确保施工过程的规范化和标准化。在施工过程中，应严格按照施工方案和技术文件的要求进行操作，避免出现违规操作和质量问题。幕墙工程的验收应按照国家相关标准和设计要求进行，确保各项质量指标符合规定。验收标准包括外观质量、尺寸偏差、性能指标等方面，应全面、细致地进行检查和测试。

此外，为了确保幕墙施工质量的稳定性和可靠性，还应制定以下标准：

质量管理体系标准：企业应建立完善的质量管理体系，明确质量管理的组织架构、职责和权限，确保质量管理体系的有效运行。

质量控制标准：制定详细的质量控制流程和措施，对施工过程中的关键环节和关键部位进行重点控制，确保施工质量的稳定性和可靠性。

质量检查与评估标准：建立定期和不定期的质量检查与评估机制，对施工过程进行监督和检查，及时发现和处理潜在的质量问题。

（三）幕墙施工质量管理的注意事项

在幕墙施工质量管理的流程与标准实施过程中，需要注意以下几点：

注重细节管理：幕墙施工涉及众多细节，任何环节的疏忽都可能影响整体质量。因此，在质量管理过程中，应注重细节管理，确保每个环节的质量控制。

强化沟通与协作：幕墙施工涉及多个专业和部门，需要加强沟通与协作，确保各方之间的信息畅通和配合默契。

持续改进与创新：随着技术的不断进步和市场的不断变化，幕墙施工质量管理也应持续改进与创新，以适应新的需求和挑战。

四、幕墙施工质量管理的信息化与智能化

随着信息技术的飞速发展和智能化应用的普及，幕墙施工质量管理也逐渐向信息化和智能化方向迈进。信息化和智能化技术的应用，不仅能够提高幕墙施工的质量和管理效率，还能够降低管理成本，提升整体施工质量水平。

（一）幕墙施工质量管理的信息化实践

信息化实践在幕墙施工质量管理中主要体现在以下几个方面：

通过建立幕墙施工质量管理信息系统，将施工过程中的各类信息，如材料信息、施工记录、质量检测数据等，进行集中存储和管理。信息管理系统能够实现信息的快速查询、分析和共享，为管理人员提供决策支持。数字化技术，如BIM（建筑信息模型）技术，在幕墙施工质量管理中发挥着重要作用。BIM技术能够实现对幕墙工程的三维建模和仿真分析，帮助管理人员提前发现潜在的质量问题，优化施工方案，提高施工效率。

通过推行电子化管理，如电子文档、电子签名等，可以减少纸质文档的使用，提高信息传递的效率和准确性。同时，电子化管理还能降低管理成本，减少人为错误，提升质量管理水平。

（二）幕墙施工质量管理的智能化实践

智能化实践在幕墙施工质量管理中主要体现在以下几个方面：

通过引入智能监测设备，如传感器、摄像头等，对幕墙施工过程中的关键参数进行实时监测和记录。智能监测设备能够实现对施工质量的实时监控和预警，帮助管理人员及时发现和处理质量问题。利用大数据、人工智能等智能分析技术，对幕墙施工过程中的质量数据进行深度挖掘和分析。通过智能分析，可以识别出质量问题的根源和趋势，为管理人员提供针对性的改进建议。

通过自动化控制技术的应用，如自动化施工设备、机器人等，可以实现对幕墙施工过程的精确控制。自动化控制能够减少人为因素的干扰，提高施工质量，确保稳定性和可靠性。

（三）信息化与智能化在幕墙施工质量管理中的意义

信息化与智能化在幕墙施工质量管理中的意义主要体现在以下几个方面：

信息化和智能化技术的应用，能够实现对幕墙施工质量的实时监控、预警和

分析，提高了质量管理的效率和准确性。管理人员可以通过信息系统和智能设备快速获取施工信息，及时做出决策和调整，提高施工质量的响应速度。

通过推行电子化管理、引入智能监测设备等措施，可以减少纸质文档的使用、减少人力投入，降低管理成本。同时，智能化技术的应用还能够减少人为错误和返工率，进一步降低施工成本。信息化和智能化技术的应用，能够实现对幕墙施工过程的精确控制和优化。通过实时监测、预警和分析，可以及时发现和处理潜在的质量问题，避免质量问题的扩大和恶化。同时，数字化技术和智能分析技术的应用还能够提高施工方案的优化程度，提升整体施工质量水平。

（四）信息化与智能化在幕墙施工质量管理中的挑战与对策

尽管信息化与智能化给幕墙施工质量管理带来了诸多优势，但也使其面临着一些挑战。首先，技术更新迅速，需要不断学习和掌握新技术。其次，信息安全问题需要引起高度重视，确保施工信息的安全性和保密性。针对这些挑战，我们可以采取以下对策：加强技术培训和教育，提高管理人员的信息化和智能化素养；建立完善的信息安全管理制度和技术防护措施，确保施工信息的安全可靠。

第二节　幕墙施工安全管理的原则与措施

一、幕墙施工安全管理的原则与目标

幕墙施工安全管理是确保幕墙工程顺利进行、保障施工人员生命安全及维护建筑物整体安全性的重要环节。在幕墙施工过程中，必须严格遵守安全管理原则，明确安全管理目标，以确保施工过程的顺利进行。

（一）幕墙施工安全管理的原则

幕墙施工安全管理应遵循以下原则，以确保施工过程的安全可控：

预防为主是幕墙施工安全管理的首要原则。在施工前，应充分了解工程特点和施工环境，制订定详细的安全施工方案和应急预案。在施工过程中，应加强对施工现场的监管，及时发现并消除安全隐患，防止事故的发生。

幕墙施工安全管理需要全体员工的共同参与。企业应建立健全安全管理体系，明确各级管理人员和施工人员的安全职责。通过安全教育和培训，提高全体员工的安全意识和技能水平。同时，鼓励员工积极参与安全管理，提出改进意见和建议，共同营造安全、和谐的施工环境。

幕墙施工安全管理是一个持续改进的过程。企业应定期对安全管理体系进行审查和评估，发现存在的问题和不足，及时制定改进措施并付诸实施。同时，关注行业动态和技术发展趋势，引入先进的安全管理理念和方法，不断提升安全管理水平。

幕墙施工安全管理必须遵守国家法律法规和相关标准规范。企业应建立健全安全管理制度和操作规程，确保施工过程的合规性。同时，加强与政府部门的沟通和协作，及时了解和掌握政策法规的变化，确保企业的安全管理工作符合政策要求。

（二）幕墙施工安全管理的目标

幕墙施工安全管理的目标是确保施工过程的安全、高效和顺利进行，保障施工人员的生命安全，维护建筑物的整体安全性。具体而言，幕墙施工安全管理的目标包括以下几个方面：

幕墙施工安全管理的首要目标是实现零事故。通过加强安全管理和监管，消除施工过程中的安全隐患，防止事故的发生。同时，建立健全事故报告和调查制度，对发生的事故进行深入分析，找出原因并采取措施加以改进，防止类似事故的再次发生。

保障施工人员的生命安全是幕墙施工安全管理的核心目标。企业应提供符合安全标准的施工环境和设施，为施工人员配备必要的安全防护用品。同时，加强安全教育和培训，提高施工人员的安全意识和自我保护能力。在紧急情况下，能够迅速启动应急预案，确保施工人员的生命安全。

幕墙作为建筑物的重要组成部分，其安全性直接关系到建筑物的整体安全性。因此，幕墙施工安全管理必须确保幕墙施工的质量和安全性。通过加强材料、设备、工艺等方面的管理，确保幕墙施工符合设计要求和相关标准规范。同时，加强施工过程中的质量监控和检测，及时发现并处理质量问题，确保幕墙的安全性和稳定性。

在确保安全的前提下，提高施工效率也是幕墙施工安全管理的目标之一。通过优化施工方案和工艺流程，减少不必要的施工环节和浪费，提高施工效率。同时，加强施工现场的协调和管理，确保各项施工任务的顺利进行，缩短施工周期，降低施工成本。

（三）实现幕墙施工安全管理目标的措施

为了实现上述幕墙施工安全管理的目标，需要采取以下措施：

企业应建立完善的安全管理体系，明确各级管理人员和施工人员的安全职责。制定详细的安全管理制度和操作规程，确保施工过程的规范化、标准化。同时，加强安全管理体系的审核和评估，及时发现问题并改进。施工人员的素质直接影响到施工安全和质量。因此，企业应加强对施工人员的培训和教育，提高其技能水平和安全意识。通过定期组织技能比赛、安全知识竞赛等活动，激发施工人员的积极性和创新精神。

施工现场是安全管理的重要场所。企业应加强对施工现场的监管和管理，确保施工现场的整洁有序。加强材料、设备的管理和维护，确保其性能稳定可靠。同时，加强施工过程中的安全检查和监督，及时发现并处理安全隐患。随着科技的不断发展，新的安全技术和管理手段不断涌现。企业应积极引入这些先进的技术和手段，提高安全管理水平。例如，利用信息化手段实现施工现场的实时监控和管理；利用 BIM 技术进行施工模拟和优化等。

二、幕墙施工安全管理的具体措施

幕墙施工是建筑工程中的重要环节，其施工过程中的安全管理工作至关重要。为了确保幕墙施工安全、高效地进行，需要采取一系列具体的安全管理措施。

（一）建立健全安全管理体系

建立健全安全管理体系是幕墙施工安全管理的基础。企业应制定详细的安全管理制度和操作规程，明确各级管理人员和施工人员的安全职责。同时，建立安全责任制，将安全管理工作细化到个人，确保安全责任的有效落实。此外，还应设立安全管理机构，负责监督和管理施工过程中的安全事项，确保安全管理体系的有效运行。

（二）加强安全教育和培训

提高施工人员的安全意识和技能水平是确保施工安全的关键。因此，企业应加强对施工人员的安全教育和培训。在施工前，应对施工人员进行安全操作规程、安全防护措施等方面的培训，使其了解并掌握相关安全知识和技能。在施工过程中，还应定期组织安全知识竞赛、技能比赛等活动，激发施工人员的安全意识和学习热情。

（三）严格执行安全检查和验收制度

安全检查和验收是确保幕墙施工安全的重要手段。企业应制定详细的安全检查和验收制度，明确检查的内容、方法和频次。在施工过程中，应定期对施工现场、施工设备、材料等进行安全检查，及时发现并处理安全隐患。同时，在关键施工环节完成后，应进行验收工作，确保施工质量和安全符合设计要求。

（四）加强高处作业和临时用电管理

幕墙施工往往涉及高处作业和临时用电等高风险作业。因此，对这些高风险作业的管理应格外重视。对于高处作业，应设置安全网、安全护栏等防护措施，并配备合格的安全带、安全帽等防护用品。同时，加强对高处作业人员的培训和监督，确保其严格遵守安全操作规程。对于临时用电，应规范布线、接电等操作，确保用电安全。定期对临时用电设施进行检查和维护，防止因电气故障引发安全事故。

（五）实施文明施工和环境保护措施

文明施工和环境保护是幕墙施工安全管理的重要组成部分。在施工过程中，应保持施工现场的整洁有序，减少噪声、扬尘等污染物的排放。合理安排施工时间，减少对周边居民的影响。同时，加强对施工现场的环境监测和治理，确保施工活动符合环保要求。

（六）强化应急预案和演练

制定完善的应急预案并定期进行演练是应对突发安全事件的有效手段。企业应结合幕墙施工的特点和实际情况，制定有针对性的应急预案，明确应急处置流程、救援措施等。同时，定期组织应急演练活动，提高施工人员对突发事件的应对能力和自救互救能力。

（七）引入信息化手段提升安全管理水平

随着信息技术的不断发展，将其应用于幕墙施工安全管理中已成为一种趋势。通过引入信息化手段，如利用安全管理信息系统、视频监控等技术手段，实现对施工现场的实时监控和管理。通过数据分析、预警提醒等功能，及时发现并解决施工过程中的安全问题。此外，还可以利用 BIM 等技术手段进行施工方案优化、碰撞检测等工作，提高施工效率和安全性。

（八）加强协作与沟通

幕墙施工涉及多个专业和部门之间的协作与沟通。为了确保施工安全，各相关部门和人员应保持良好的沟通与协作。定期召开安全例会，及时传达安全信息、交流安全管理经验。同时，加强与业主、设计、监理等单位的沟通协调，共同解决施工过程中遇到的安全问题。

（九）完善安全奖惩机制

建立健全安全奖惩机制是激发施工人员安全意识、促进安全管理工作的重要手段。对于在安全生产中表现突出的个人和集体，应给予表彰和奖励；对于违反安全规定、造成安全事故的责任人，应依法依规进行严肃处理。通过奖惩机制的建立和实施，形成人人关心安全、人人参与安全管理的良好氛围。

三、幕墙施工安全风险的识别与评估

幕墙作为现代建筑的重要组成部分，其施工过程中的安全风险不容忽视。为确保施工过程的顺利进行和人员的生命安全，对幕墙施工安全风险的识别与评估显得尤为重要。

（一）幕墙施工安全风险的识别

幕墙施工安全风险识别是安全管理的基础工作，其主要目的是及时发现并确定施工过程中存在的潜在风险。风险识别的方法多种多样，以下是一些常用的方法：

通过现场观察，直接了解施工过程中的操作、设备、环境等情况，发现潜在的安全风险。这种方法直观、实用，但需要观察者具备一定的安全知识和经验。通过分析以往类似工程的施工安全事故案例，总结归纳出常见的安全风险类型和原因，为当前工程的风险识别提供参考。

邀请具有丰富经验的幕墙施工专家，向其咨询，利用其专业知识和经验，对施工过程中的安全风险进行识别和评估。根据幕墙施工的特点和要求，制定详细的安全检查表，对施工过程中的各个环节进行逐一检查，发现潜在的安全风险。

（二）幕墙施工安全风险的评估

风险评估是对识别出的安全风险进行定性和定量分析，确定其发生的可能性和影响程度，从而为制定有效的风险防控措施提供依据。

风险发生的可能性评估主要考虑风险源的性质、数量、分布及触发条件等因素。可以通过专家打分法、概率统计法等方法进行评估。例如，对于高处坠落风险，可以考虑施工人员的操作技能、安全防护措施的完备性、天气条件等因素，综合评估其发生的可能性。风险影响程度的评估主要包括风险发生后可能造成的人员伤亡、财产损失、施工进度延误等方面内容。可以通过风险矩阵法、层次分析法等方法进行评估。例如，对于电气火灾风险，可以评估其可能导致的设备损坏、人员伤亡及施工进度的延误程度。

根据风险发生的可能性和影响程度，可以对风险进行等级划分，如高、中、低等级。不同等级的风险需要采取不同的防控措施。对于高等级风险，需要制订详细的应急预案，加强现场监控和管理；对于中等级风险，需要采取一定的防控措施，加强培训和指导；对于低等级风险，可以通过加强日常管理和监督来降低其发生的可能性。

（三）幕墙施工安全风险识别与评估的注意事项

在进行幕墙施工安全风险的识别与评估时，需要注意以下几点：

风险识别应覆盖施工过程的各个环节和方面，确保不遗漏任何潜在风险。同时，评估过程应系统化，综合考虑各种因素，避免片面性和主观性。风险评估应采用科学的方法和手段，确保评估结果的客观性和准确性。避免仅凭经验和主观判断进行评估，减少人为因素的干扰。

幕墙施工过程中的安全风险可能随着施工进度、环境条件等因素的变化而发生变化。风险识别与评估应是一个动态和连续的过程，需要定期进行更新和调整。不同工程的幕墙施工条件和要求可能存在差异，在进行风险识别与评估时，应结合实际情况进行分析和判断。避免完全照搬其他工程的经验和做法，确保评估结果符合实际情况。

（四）幕墙施工安全风险防控措施

针对识别与评估出的幕墙施工安全风险，应采取相应的防控措施，确保施工过程的安全可控。具体措施包括以下几种：

根据工程特点和施工环境，制订详细的安全施工方案，明确各项施工任务的安全要求和措施。同时，制订应急预案，为应对突发安全事件提供指导。加强施工现场的安全管理和监督，确保各项安全制度和措施得到有效执行。定期对施工现场进行安全检查，及时发现并处理安全隐患。

加强施工人员的安全教育和培训，提高其安全意识和技能水平。通过安全知识竞赛、技能比赛等活动，激发施工人员的学习热情和安全意识。积极引入先进的安全技术和管理手段，如信息化管理系统、智能监控设备等，提高安全管理水平和效率。利用 BIM 技术进行施工模拟和优化，降低安全风险。

四、幕墙施工安全应急预案的制定与实施

幕墙施工是建筑工程中的重要环节，其施工过程往往伴随着高空作业、重物吊装等高风险作业，因此制订并实施有效的安全应急预案至关重要。

（一）幕墙施工安全应急预案的制定

制订幕墙施工安全应急预案的首要任务是明确预案的目标和原则。目标应明确为在发生安全事故时，能够迅速、有效地组织救援，最大限度地减少人员伤亡和财产损失。原则应强调预防为主、安全第一、统一指挥、分级负责、快速响应、科学救援等。

在制定应急预案之前，需要对幕墙施工过程中可能出现的安全风险进行全面分析。这包括高处坠落、物体打击、触电、火灾、爆炸等常见风险，以及特定工程可能面临的特殊风险。通过风险分析，可以明确应急预案需要针对的具体问题和挑战。应急响应流程是应急预案的核心内容，包括事故报告、现场处置、救援组织、信息发布等环节。在制定流程时，需要明确各个环节的责任人、职责和具体操作步骤，确保在事故发生时能够迅速启动应急响应机制。

应急救援措施是应急预案的重要组成部分，包括人员疏散、伤员救治、现场灭火、设备抢修等具体措施。在制定措施时，需要充分考虑现场实际情况和救援资源的可用性，确保措施的科学性和有效性。应急物资储备和调配是应急救援工作的重要保障。在制定应急预案时，需要明确应急物资的种类、数量、存放地点以及调配方式，确保在事故发生时能够及时获取所需的物资支持。

（二）幕墙施工安全应急预案的实施

制定好的应急预案需要通过培训和演练来确保其实施效果。企业应定期组织施工人员参加应急预案培训，使其了解预案的内容和操作要求。同时，定期开展应急演练活动，模拟真实的事故场景，检验预案的可行性和有效性，提高施工人员的应急响应能力。为确保应急预案的高效实施，需要建立专门的应急指挥机构。该机构应由企业领导担任总指挥，相关部门负责人担任成员，负责统筹协调应急救援工作。在事故发生时，应急指挥机构应迅速启动应急响应机制，组织救援力

量进行处置。

幕墙施工安全事故往往需要外部救援力量的支持。因此，在制定应急预案时，应充分考虑与外部救援力量的协调合作。与消防、医疗、公安等救援机构建立紧密的合作关系，明确各自的职责和协作方式，确保在事故发生时能够迅速得到外部救援力量的支持。在事故发生后，应及时向上级主管部门和相关部门报告事故情况，并按照预案要求发布信息。通过媒体、网络等渠道及时向社会公众发布事故进展和救援情况，消除不实传言和恐慌情绪，维护社会稳定。

每次应急演练和事故处置结束后，都应对预案的实施效果进行总结评估。分析预案的优点和不足，提出改进措施和建议，不断完善和优化预案内容。同时，根据施工过程中的新情况和新问题，及时对预案进行修订和更新，确保其适应性和有效性。

（三）注意事项

在制定应急预案时，应充分考虑幕墙施工的特点和实际情况，确保预案的针对性和可操作性。避免制定过于笼统或过于复杂的预案，导致在实际应用中无法有效执行。应急预案的制定和实施需要全体施工人员的共同参与和支持。因此，应加强预案的宣传和普及工作，使施工人员了解预案的重要性和内容，提高其应急意识和自救互救能力。

在制定应急预案时，应确保其与国家相关法律法规的衔接和一致性。遵守安全生产法律法规的要求，确保预案的合法性和有效性。

第三节　幕墙施工安全风险评估与预防

一、幕墙施工安全风险评估的方法与流程

幕墙作为现代建筑的重要组成部分，其施工过程中的安全风险问题不容忽视。为确保施工过程的顺利进行，降低安全事故的发生率，必须对幕墙施工安全风险进行科学的评估。

（一）幕墙施工安全风险评估的方法

定性评估法是通过专家经验、历史数据和现场观察等方式，对幕墙施工过程

中的安全风险进行描述和判断。这种方法简单易行，但主观性较强，评估结果可能受到评估者经验和知识水平的影响。在实际应用中，可以邀请多名专家共同参与评估，以提高评估结果的准确性和客观性。定量评估法是通过数学模型和统计方法，对幕墙施工安全风险进行量化分析。这种方法可以更加精确地描述风险的大小和可能性，为制定风险控制措施提供科学依据。常用的定量评估方法包括风险矩阵法、概率风险评估法等。在实际应用中，需要根据具体情况选择合适的评估方法，并结合工程实际进行调整和优化。

综合评估法是将定性评估和定量评估相结合，对幕墙施工安全风险进行全面、系统的评估。这种方法可以充分利用各种评估方法的优点，弥补单一方法的不足，提高评估结果的准确性和可靠性。在综合评估过程中，需要充分考虑各种风险因素的相互影响和关联，以及工程实际的复杂性和多变性。

（二）幕墙施工安全风险评估的流程

在进行幕墙施工安全风险评估之前，首先需要明确评估的目标和范围。评估目标可以是整个幕墙施工项目的安全风险，也可以是某个特定施工环节或施工阶段的风险。明确评估目标有助于有针对性地开展评估工作，提高评估效率。

风险源识别是幕墙施工安全风险评估的关键步骤。通过对施工过程中的各个环节和方面进行全面分析，找出可能引发安全事故的风险源。风险源包括人的不安全行为、物的不安全状态、环境的不良因素以及管理上的缺陷等。在识别风险源时，需要充分考虑施工现场的实际情况和工程特点，确保识别的全面性和准确性。在识别出风险源之后，需要进一步分析各种风险因素对安全风险的影响程度和可能性。这包括分析风险因素的性质、特点、发生频率和后果等。通过分析风险因素，可以更加深入地了解安全风险的本质和规律，为制定风险控制措施提供依据。

根据风险因素的分析结果，可以对幕墙施工安全风险进行等级划分。风险等级可以根据风险发生的可能性和后果的严重程度进行确定。一般来说，可以将风险分为高、中、低三个等级。不同等级的风险需要采取不同的控制措施和管理策略。

针对评估出的安全风险，需要制定相应的风险控制措施。风险控制措施可以包括技术措施、管理措施和应急措施等。技术措施主要是通过改进施工工艺、提高设备性能等方式来降低风险；管理措施主要是通过加强安全培训、完善安全制度等方式来提高施工人员的安全意识和操作技能；应急措施主要是在事故发生时迅速启动应急预案，组织救援力量进行处置。风险控制措施的实施并不是一蹴而就的，需要持续监控和反馈。通过定期检查和评估，了解风险控制措施的执行情况和效果，及时发现并解决存在的问题。同时，根据施工过程中的实际情况和变化，对风险控制措施进行动态调整和优化，确保其有效性和适应性。

（三）注意事项

在进行幕墙施工安全风险评估时，需要充分考虑各种风险因素和影响因素，确保评估的全面性和系统性。避免遗漏重要风险因素或忽略关键影响因素，导致评估结果的不准确或偏差。评估过程中所涉及的数据和信息对于评估结果的准确性至关重要。因此，在收集和分析数据时，需要确保数据的准确性和可靠性。避免使用不准确或过时的数据，导致评估结果的失真或误导。

幕墙施工安全风险评估需要结合实际情况进行。不同工程项目的施工条件和要求可能存在差异，因此在进行评估时需要考虑具体工程的特点和实际情况。避免将一般性的评估方法和标准直接套用到具体工程中，导致评估结果不符合实际情况。随着幕墙施工技术的不断发展和安全管理的不断完善，评估方法也需要持续改进和更新。需要关注最新的安全评估理念和方法，结合工程实际进行调整和优化，提高评估的准确性和效率。

二、幕墙施工安全风险的预防与控制

幕墙作为现代建筑的重要组成部分，其施工过程中的安全风险预防与控制至关重要。为了确保施工过程的顺利进行、保障施工人员的生命安全、降低安全事故的发生率，必须采取一系列有效的预防与控制措施。

（一）幕墙施工安全风险的预防措施

在开始幕墙施工之前，应制定详细的安全施工方案。该方案应包括施工过程中的各项安全措施、应急预案以及施工人员的安全培训等内容。通过制订详细的施工方案，可以确保施工过程中的每个环节都有明确的安全指导，降低安全风险的发生概率。施工人员是幕墙施工过程中的主要参与者，他们的安全意识和操作技能对于预防安全风险至关重要。因此，应加强施工人员的安全培训，提高他们的安全意识和操作技能。培训内容包括安全规章制度、安全操作规程、紧急救援措施等，确保施工人员在遇到危险时能够迅速采取正确的应对措施。

先进的施工技术和设备可以大大提高施工效率和质量，同时也能降低安全风险。在幕墙施工过程中，应尽可能采用先进的施工技术和设备，如自动化焊接设备、智能吊装系统等。这些设备不仅可以减少人为操作带来的误差和风险，还可以提高施工效率，缩短工期。

安全检查是预防安全风险的重要手段。在幕墙施工过程中，应定期对施工现场进行安全检查，及时发现并消除潜在的安全隐患。同时，对于施工设备和工具也应进行定期维护和保养，确保其处于良好的工作状态，降低因设备故障引发的安全风险。

（二）幕墙施工安全风险的控制措施

建立完善的安全管理体系是控制幕墙施工安全风险的关键。该体系应包括安全管理机构、安全管理制度、安全责任制等内容。通过明确各级管理人员和施工人员的安全职责和权限，确保安全管理工作的有序开展。同时，建立奖惩机制，对安全工作表现突出的个人和团队进行表彰和奖励，对违反安全规定的行为进行严肃处理。

现场安全监管是控制幕墙施工安全风险的重要环节。在施工过程中，应设立专门的安全监管人员，负责对施工现场进行实时监管和检查。监管人员应密切关注施工人员的操作行为，及时发现并纠正不规范的操作行为。同时，对于发现的安全隐患和问题，应及时采取措施进行整改和消除。

风险评估与监控是控制幕墙施工安全风险的重要手段。在施工过程中，应对各种潜在的安全风险进行定期评估，了解风险的大小和可能性。根据评估结果，制订相应的风险控制措施和应急预案。同时，通过监控系统的实时监测和数据分析，及时发现并处理异常情况，确保施工过程的顺利进行。

尽管预防措施可以降低安全风险的发生概率，但事故仍然可能发生。因此，加强应急管理与救援能力至关重要。在幕墙施工过程中，应建立健全的应急管理制度和救援体系，确保在事故发生时能够迅速启动应急预案，组织救援力量进行处置。同时，定期进行应急演练和培训，提高施工人员的应急响应能力和自救互救能力。

（三）注意事项

在制定预防措施时，应充分考虑幕墙施工的特点和实际情况，确保预防措施的针对性和有效性。避免制定过于笼统或过于复杂的预防措施，导致在实际应用中无法有效执行。

幕墙施工涉及多个部门和人员的协作与配合。在预防与控制安全风险的过程中，应加强各部门和人员之间的沟通与协作，确保信息畅通、资源共享。通过协同工作，可以及时发现并解决安全问题，提高安全管理工作的效率和效果。

随着幕墙施工技术的不断发展和安全管理理念的更新，预防与控制安全风险的方法和手段也需要持续改进与优化。在实际工作中，应关注最新的安全技术和理念，结合工程实际进行调整和优化，提高预防与控制安全风险的能力和水平。

三、幕墙施工安全风险的监控与报告

在幕墙施工过程中，安全风险监控与报告是确保施工安全、预防事故发生的重要环节。通过实施有效的监控措施和及时报告风险情况，可以及时发现潜在的安全隐患，采取相应的风险控制措施，保障施工人员的生命安全，确保施工过程的顺利进行。

（一）幕墙施工安全风险的监控方法

为了确保幕墙施工安全风险的全面监控，应设立专门的监控团队。该团队应由经验丰富的安全管理人员和技术人员组成，负责实时监控施工现场的安全状况，及时发现并处理安全风险。监控团队应制订详细的监控计划和流程，确保监控工作的有序进行。

随着科技的不断进步，越来越多的先进监控技术被应用于幕墙施工安全风险的监控中。例如，可以利用无人机进行高空巡查，及时发现施工现场的异常情况；通过安装摄像头和传感器，实时监控施工人员的操作行为和施工设备的运行状态；利用大数据分析技术，对监控数据进行深度挖掘和分析，预测潜在的安全风险。这些先进技术的应用，可以大大提高监控的效率和准确性，为安全风险的预防和控制提供有力支持。

除了实时监控外，还应定期进行安全检查。安全检查可以全面评估施工现场的安全状况，发现潜在的安全隐患。检查内容包括施工人员的安全操作行为、施工设备的运行状况、施工现场的环境条件等。对于发现的问题和隐患，应及时制定整改措施，并跟踪整改情况，确保问题得到彻底解决。

（二）幕墙施工安全风险的报告流程

为了确保幕墙施工安全风险的及时报告和处理，应建立风险报告制度。该制度应明确风险报告的责任人、报告流程、报告内容等要素，确保风险信息的及时传递和处理。责任人应定期向上级管理部门报告风险情况，以便及时采取措施进行处置。

在幕墙施工过程中，一旦发现安全风险或异常情况，监控团队应立即向上级管理部门报告。报告内容应包括风险的具体描述、发生地点、影响范围、可能产生的后果以及已采取或拟采取的控制措施等。通过实时报告，可以及时启动应急预案，组织救援力量进行处置，避免事故的发生或扩大。

除了实时报告外，还应定期汇总和分析风险报告。通过对风险报告的统计和分析，可以了解一段时间内安全风险的分布情况和变化趋势，为制定针对性的风险控制措施提供依据。同时，也可以对监控团队的工作效果进行评估，及时发现问题和不足，进行改进和优化。

（三）监控与报告中的注意事项

在幕墙施工安全风险的监控过程中，应确保监控的全面性和准确性。监控团队应全面了解施工现场的情况，掌握各种潜在的安全风险。同时，应采用先进的监控技术和设备，提高监控的准确性和效率。避免因为监控不到位或遗漏重要信息而导致安全事故的发生。

对于收到的风险报告，应及时进行处理和反馈。处理措施应根据风险的大小和性质进行制定，确保措施的有效性和针对性。同时，应将处理结果及时反馈给报告人，以便其了解风险控制的进展和效果。避免因为处理不及时或反馈不到位而导致风险的进一步扩大或恶化。

在幕墙施工安全风险的监控与报告过程中，各部门和人员之间应加强沟通与协作。监控团队应与施工人员、管理人员等保持良好的沟通渠道，及时了解施工现场的实际情况和需求。同时，各部门之间也应加强协作，共同应对安全风险，确保施工过程的顺利进行。

随着幕墙施工技术的不断发展和安全管理理念的不断更新，监控与报告机制也需要持续改进和优化。在实际工作中，应关注最新的监控技术和理念，结合工程实际进行调整和优化。同时，也应总结经验教训，不断完善监控与报告流程和方法，提高安全风险管理的水平和效率。

四、幕墙施工安全风险的应对与处置

幕墙施工过程中的安全风险是不可避免的，但通过科学的风险应对与处置措施，可以最大限度地降低风险对施工进度和人员安全的影响。

（一）幕墙施工安全风险的应对策略

为了有效应对幕墙施工过程中的安全风险，应制订全面的应急预案。预案应涵盖可能发生的各种安全风险，包括高处坠落、物体打击、触电等，并明确相应的应对措施和救援流程。预案的制定应充分考虑施工现场的实际情况和可能面临的风险因素，确保预案的针对性和实用性。安全培训和演练是提高施工人员安全意识和应对能力的重要手段。在幕墙施工前，应对施工人员进行全面的安全培训，使其了解安全操作规程和应急预案。同时，定期组织应急演练，模拟实际发生的安全事故，让施工人员熟悉应对流程和操作方法，提高应对突发事件的能力。

通过优化施工计划和流程，可以降低安全风险的发生概率。在制订施工计划时，应充分考虑施工现场的实际情况和风险因素，合理安排施工顺序和作业时间。同时，对高风险作业进行重点监控和管理，确保作业过程的安全可控。在幕墙施工过程中，建立风险信息共享机制可以及时传递和共享风险信息，提高风险应对的效率和准确性。各施工部门之间应建立畅通的信息沟通渠道，及时报告和共享风险情况。同时，利用现代信息技术手段，如建立风险信息平台或微信群的方式，实时传递和共享风险信息。

（二）幕墙施工安全风险的处置措施

当发生安全事故或发现潜在的安全风险时，应立即启动应急预案。按照预案的流程和措施，迅速组织救援力量进行处置，防止事故扩大或造成更大的损失。同时，及时向上级管理部门报告事故情况，请求支持和协助。

在安全事故发生后，应立即进行现场紧急救援。救援人员应迅速到达现场，对受伤人员进行及时救治和转运。同时，对事故现场进行封锁和隔离，防止事故扩大或影响其他区域的施工。在救援过程中，应确保救援人员的安全，避免发生次生事故。

事故发生后，应组织专业人员对事故进行调查与分析。通过调查事故原因、过程和后果，找出事故发生的根本原因和漏洞，为制定针对性的风险控制措施提供依据。同时，对事故责任进行明确和追究，防止类似事故的再次发生。

针对已经发生的安全事故和潜在的安全风险，应加强风险管理与控制工作。对施工现场进行全面的安全检查，发现并及时消除安全隐患。同时，加强施工人员的安全教育和培训，提高其安全意识和操作技能。此外，定期对施工设备和工具进行维护和保养，确保其处于良好的工作状态。

（三）应对与处置中的注意事项

在进行现场紧急救援时，应确保救援人员的安全。救援人员应佩戴好安全防护用品，遵守安全操作规程，避免发生次生事故。同时，在救援过程中，应保持与上级管理部门的沟通联系，及时报告救援进展和遇到的问题。在应对与处置安全风险时，应采取措施防止事故扩大或影响其他区域的施工。对事故现场进行及时封锁和隔离，防止态势加剧。同时，对周边区域进行安全检查，确保其他区域的施工安全。

在应对与处置安全风险后，应及时总结经验教训。分析事故发生的原因和过程，找出管理中存在的问题和不足，为今后的施工提供有益的参考。同时，对成功应对风险的经验进行总结和推广，提高整个施工团队的风险应对能力。

第四节 幕墙施工质量与安全事故处理

一、幕墙施工质量与安全事故的应急处理

幕墙施工是建筑工程中的重要环节，其质量与安全问题直接关系到整个建筑的安全性和稳定性。在施工过程中，由于各种原因，可能会遇到施工质量问题和安全事故，因此，制定并实施有效的应急处理措施显得尤为重要。

（一）幕墙施工质量问题的应急处理

在幕墙施工过程中，应定期对施工质量进行检查和评估，及时发现问题并采取措施加以解决。一旦发现质量问题，如材料不符合要求、施工工艺不当等，应立即停止相关施工活动，并组织专业人员对问题进行深入分析和评估。评估内容包括问题的性质、严重程度以及对整体施工质量和安全的影响等。

根据质量问题的性质和严重程度，制定相应的应急处理方案。方案应明确处理措施、责任人、处理时限等要素，确保问题得到及时有效的解决。对于严重质量问题，可能需要采取拆除重建等极端措施，此时应充分考虑施工成本、工期等因素，制定合理可行的方案。

按照应急处理方案的要求，组织施工人员和相关设备，迅速开展处理工作。

在处理过程中，应严格遵守安全操作规程，确保施工人员的人身安全。同时，加强与相关部门的沟通协调，确保处理工作顺利进行。

处理完质量问题后，应对处理效果进行评估和跟踪，确保问题得到彻底解决。同时，对处理过程中出现的问题和不足进行总结，为今后的施工提供有益的参考。此外，还应加强施工人员的质量意识培训，提高施工质量水平。

（二）幕墙施工安全事故的应急处理

一旦发生安全事故，如高处坠落、物体打击等，应立即启动应急预案，组织救援力量迅速到达现场。对受伤人员进行初步救治和转运，确保伤者得到及时有效的救治。同时，对事故现场进行封锁和隔离，防止事故扩大化或影响其他区域的施工。事故发生后，应成立事故调查组，对事故原因、过程和后果进行深入调查。调查内容包括事故发生的直接原因、间接原因、管理漏洞等。通过调查，找出事故发生的根本原因，为制定针对性的预防措施提供依据。

根据事故调查结果，制定详细的整改措施。措施应针对事故原因和管理漏洞，从制度、技术、人员等方面进行全面改进。同时，明确整改责任人和整改时限，确保整改措施得到有效执行。在处理完安全事故后，应对整个处理过程进行总结和反思。总结处理过程中的经验教训，为今后的应急处理工作提供借鉴。同时，加强安全事故的预防工作，通过提高安全意识、完善安全管理制度、加强安全检查等措施，降低安全事故的发生概率。

（三）应急处理中的注意事项

无论是处理质量问题还是安全事故，都应确保应急处理过程中的安全。在处理过程中，应严格遵守安全操作规程，确保施工人员的人身安全。同时，加强现场安全管理，防止次生事故的发生。在发现质量问题和安全事故时，应及时向上级管理部门报告。报告内容应准确、详细，包括问题的性质、严重程度、处理措施等。通过及时报告，可以争取到更多的支持和协助，有利于问题的快速解决。

在处理质量问题和安全事故时，应加强与相关部门的沟通协调。通过沟通，可以及时了解问题的最新情况，获取更多的信息和资源，为应急处理工作提供有力支持。同时，通过协调，可以避免不同部门之间的重复工作和资源浪费。幕墙施工质量与安全事故的应急处理是一个不断完善和提高的过程。在实践中，应不断总结经验教训，发现应急处理机制中存在的问题和不足，并进行持续改进。通过不断完善应急处理机制，可以提高应对质量问题和安全事故的能力和水平，确保幕墙施工的安全和质量。

二、幕墙施工质量与安全事故的原因分析

幕墙作为现代建筑的重要组成部分，其施工质量直接关系到建筑的整体安全性和美观性。然而，在实际施工过程中，因为受多种因素的影响，故幕墙施工质量和安全事故时有发生。

（一）施工质量问题的原因分析

幕墙施工所用的材料种类繁多，包括铝合金型材、玻璃、密封胶等。如果材料质量不符合要求，将直接导致施工质量问题。例如，铝合金型材的强度和耐腐蚀性能不达标，玻璃存在气泡、划痕等缺陷，密封胶老化开裂等，都会影响幕墙的整体性能和安全性。施工工艺是幕墙施工质量的关键因素。如果施工工艺不当，即使材料质量再好，也难以保证施工质量。例如，幕墙安装过程中的焊接、打胶、固定等工序操作不规范，可能导致连接不牢固、漏水等问题。此外，施工过程中的温度、湿度等环境因素也会影响施工工艺的实施效果。

施工人员的素质和技术水平对幕墙施工质量具有重要影响。如果施工人员缺乏经验，或者对施工工艺和材料性能了解不足，就难以保证施工质量。此外，施工人员的责任心和工作态度也是影响施工质量的重要因素。

完善的质量管理体系是确保幕墙施工质量的重要保障。如果质量管理体系不完善，缺乏有效的质量控制和检验手段，就难以发现和解决施工质量问题。此外，质量管理体系的执行力度也是影响施工质量的关键因素。如果执行不力，即使体系再完善也难以发挥其应有的作用。

（二）安全事故的原因分析

安全意识淡薄是导致幕墙施工安全事故的重要原因之一。一些施工单位和施工人员对安全生产的重要性认识不足，忽视安全规章制度和操作规程的执行，从而增加了安全事故的风险。安全管理是预防幕墙施工安全事故的关键环节。如果安全管理不到位，缺乏有效的安全监管和预防措施，就难以消除安全隐患和避免安全事故的发生。例如，安全教育培训不足、安全检查不细致、安全设施不完善等，都会影响施工安全。

一些施工单位和施工人员为了追求施工进度和经济效益，往往忽视安全操作规程和施工质量要求，进行违规操作和野蛮施工。这种行为不仅会导致施工质量

问题，还会增加安全事故的风险。例如，高处作业不佩戴安全防护用品、违规使用明火等，都可能导致严重的安全事故。自然环境因素也是导致幕墙施工安全事故不可忽视的原因。例如，恶劣的天气条件（如大风、暴雨等）会增加施工难度和安全风险；地质条件复杂或存在地质灾害隐患的地区，施工安全风险也会相应增加。

（三）对策与建议

为确保幕墙施工质量，应严格把控材料质量。采购过程中，应选择信誉良好的供应商，对材料质量进行严格把关。同时，加强材料进场检验和抽检力度，确保所使用的材料符合相关标准和规范要求。提高施工工艺水平是提高幕墙施工质量的关键。施工单位应加强对施工人员的技能培训和教育，提高其对施工工艺和材料性能的了解和掌握程度。同时，优化施工工艺流程，采用先进的施工技术和设备，提高施工效率和质量。

加强安全管理与教育是预防幕墙施工安全事故的重要措施。施工单位应建立健全安全管理体系，明确各级安全责任，加强安全监管和检查力度。同时，定期开展安全教育培训活动，提高施工人员的安全意识和操作技能水平。在幕墙施工前，应对施工现场的自然环境进行充分调查和评估。针对恶劣天气和复杂地质条件等不利因素，制订合理的施工方案和安全措施。在施工过程中，密切关注天气变化和地质情况变化，及时调整施工方案和采取相应的防范措施。

三、幕墙施工质量与安全事故的预防措施

幕墙作为现代建筑的外围护结构，其施工质量直接关系到建筑的整体安全性、稳定性和美观性。然而，在实际施工过程中，由于材料、工艺、管理等多种因素的影响，幕墙施工质量和安全事故时有发生。因此，采取有效的预防措施至关重要。

（一）加强材料质量控制

材料质量是幕墙施工质量的基础，因此加强材料质量控制是预防质量问题和安全事故的首要任务。首先，应选择具有合格资质和信誉良好的供应商，确保所采购的材料符合相关标准和规范要求。其次，在材料进场前进行严格的质量检验，包括外观检查、尺寸测量、性能测试等，确保材料质量符合要求。此外，还应建立材料追溯制度，对不合格材料进行及时处理和记录，防止其进入施工现场。

（二）优化施工工艺流程

施工工艺的合理性直接影响到幕墙施工的质量和安全。因此，优化施工工艺流程是预防质量问题和安全事故的关键措施。首先，制订详细的施工方案和技术措施，明确施工顺序、操作方法和质量要求。其次，采用先进的施工技术和设备，提高施工效率和质量。同时，加强施工现场的协调和管理，确保各道工序之间能够衔接紧密、有序进行。此外，还应注重施工过程中的细节处理，如焊缝打磨、密封胶填充等，以提高幕墙的整体性能。

（三）提高施工人员素质

施工人员的素质和技术水平是确保幕墙施工质量和安全的重要因素。因此，提高施工人员素质是预防质量问题和安全事故的重要途径。首先，加强施工人员的技能培训和安全教育，提高其对施工工艺、材料性能和安全操作规程的了解和掌握程度。其次，建立施工人员的考核机制，对不合格人员进行培训和调整，确保施工队伍的整体素质和技术水平。最后，还应注重施工人员的职业道德和责任心培养，使其能够自觉遵守安全规章制度和操作规程。

（四）完善质量管理体系

完善的质量管理体系是预防幕墙施工质量问题和安全事故的重要保障。首先，建立健全质量管理体系，明确各级质量责任和管理职责。其次，制定详细的质量管理制度和操作规程，确保施工过程中的各个环节都有明确的质量要求和控制措施。再次，加强质量检查和验收工作，对施工质量进行定期检查和评估，及时发现和解决问题。最后，还应建立质量信息反馈机制，对施工过程中的质量问题进行记录和分析，为今后的施工提供有益的参考。

（五）强化安全管理措施

安全管理是预防幕墙施工安全事故的核心工作。首先，加强安全教育培训，提高施工人员的安全意识和操作技能水平。其次，建立健全安全管理制度和操作规程，明确安全责任和管理要求。再次，加强施工现场的安全监管和检查力度，及时发现和消除安全隐患。最后，还应注重应急预案的制订和实施，确保在发生安全事故时能够迅速、有效地进行应急处理。

（六）引入先进的施工技术和管理手段

随着科技的不断发展，新的施工技术和管理手段不断涌现，为幕墙施工质量和安全事故的预防提供了新的途径。例如，采用 BIM 技术进行幕墙施工模拟和优化设计，可以提高施工效率和准确性；利用智能监测系统对幕墙施工过程进行实时监控和数据分析，可以及时发现和解决质量问题；采用无人机进行高空作业和巡查，可以降低施工风险和提高工作效率等。因此，施工单位应积极引入和应用这些先进的施工技术和管理手段，提高幕墙施工的安全性和质量水平。

四、幕墙施工质量与安全事故的善后处理

（一）幕墙施工质量问题的处理与改进

幕墙作为现代建筑的重要组成部分，其施工质量直接影响到建筑的整体美观、功能性和安全性。然而，在实际施工过程中，由于多种因素的影响，幕墙施工往往会出现各种问题。

1. 幕墙施工质量问题的识别与分析

幕墙施工质量问题的识别与分析是处理与改进的前提。在施工过程中，应密切关注各个环节，及时发现并记录已出现或潜在的问题。常见的幕墙施工质量问题包括材料不合格、安装精度不达标、密封性能差、外观缺陷等。针对这些问题，需要进行深入的分析，找出问题的根源，为后续的处理与改进提供依据。

2. 幕墙施工质量问题的处理措施

针对识别出的幕墙施工质量问题，需要采取相应的处理措施。具体而言，可以从以下几个方面入手：

对于材料不合格的问题，应首先停止使用不合格材料，并对已使用的部分进行更换。同时，加强与供应商的沟通，明确质量要求，确保后续供应的材料符合标准。此外，还可以建立材料检测制度，对进场的材料进行抽样检测，确保材料质量可靠。安装精度不达标往往是由于施工工艺不当或操作不规范引起的。针对这一问题，应加强对施工人员的培训，提高其专业技能和操作水平。同时，制订详细的施工方案和作业指导书，明确安装精度要求和施工方法。在施工过程中，加强现场监督和检查，确保安装精度符合要求。

密封性能差是幕墙施工中常见的问题之一。为了解决这一问题，需要选用高质量的密封材料，并严格按照施工工艺要求进行施工。在施工过程中，注意检查密封胶的涂抹情况，确保密封胶涂抹均匀、无遗漏。同时，对于出现渗漏的部位，应及时进行修补，确保幕墙的密封性能良好。外观缺陷如划痕、凹陷等会影响幕

墙的整体美观。对于这类问题，可以采用打磨、修复等方式进行处理。同时，加强施工现场的管理，避免交叉作业和野蛮施工，减少外观缺陷的产生。

3. 幕墙施工质量问题的改进措施

为了从根本上解决幕墙施工质量问题，需要从以下几个方面进行改进：

建立完善的质量管理体系是提升幕墙施工质量的关键。企业应制定详细的质量管理制度和流程，明确各级人员的职责和权限。同时，加强质量教育和培训，提高全体员工的质量意识和技能水平。通过质量管理体系的有效运行，确保幕墙施工质量的稳定提升。

不断优化施工工艺和技术是提高幕墙施工质量的有效途径。企业应关注行业动态和技术发展趋势，积极引进新技术、新工艺和新材料。同时，加强技术研发和创新，针对施工中的难点和问题进行攻关，提高施工效率和质量水平。

现场管理和监督是确保幕墙施工质量的重要环节。企业应建立完善的现场管理制度和监督机制，明确各级管理人员的职责和权限。加强现场巡查和检查，及时发现和处理施工中的问题。同时，加强与监理单位和业主的沟通协作，共同推动幕墙施工质量的提升。

建立严格的质量责任追究制度，对施工质量问题进行严肃处理。对于因施工质量问题造成的损失和影响，应追究相关人员的责任，并进行相应的处罚。通过强化质量责任追究，形成有效的质量约束机制，促进幕墙施工质量的持续改进。

4. 幕墙施工质量管理的持续改进与提升

随着现代建筑技术的不断发展，幕墙作为建筑外立面的重要组成部分，其施工质量直接关系到建筑的美观性、功能性和安全性。因此，幕墙施工质量管理成为建筑行业关注的重点。

（1）幕墙施工质量管理现状分析

当前，幕墙施工质量管理在实践中取得了一定的成效，但仍存在一些问题和不足。首先，部分施工企业对幕墙施工质量管理的重视程度不够，质量管理体系不健全，导致施工质量波动较大。其次，施工人员的技能水平和质量意识参差不齐，影响了施工质量的稳定性。最后，幕墙施工过程中的材料、设备、工艺等因素也可能对施工质量产生不利影响。

（2）幕墙施工质量管理的持续改进策略

针对幕墙施工质量管理存在的问题，需要制定持续改进的策略，以不断提升施工质量水平。

企业应建立健全幕墙施工质量管理体系，明确各级管理人员和施工人员的职责和权限。制订详细的施工质量管理计划和措施，确保施工过程的每一个环节都得到有效控制。同时，加强质量管理体系的审核和评审，及时发现并纠正质量管理中存在的问题。

施工人员是幕墙施工质量管理的关键因素。企业应加强对施工人员的培训和教育，提高其技能水平和质量意识。通过定期组织技能比赛、交流学习等活动，激发施工人员的积极性和创新精神。同时，建立激励机制，对施工表现优秀的员工给予表彰和奖励，营造积极向上的工作氛围。

材料和设备是幕墙施工的基础。企业应加强对材料和设备的采购、验收、存储和使用等环节的管理，确保材料和设备的质量符合设计要求。建立材料和设备的档案管理制度，对进场的材料和设备进行详细记录，便于追溯和管理。同时，定期对材料和设备进行检查和维护，确保其性能稳定可靠。

施工工艺和方法是影响幕墙施工质量的重要因素。企业应积极引进先进的施工工艺和技术，结合实际情况进行创新和优化。通过试验和验证，确定最适合本项目的施工工艺和方法。同时，加强施工过程中的质量监控和测量，确保施工精度和质量达到设计要求。

（3）幕墙施工质量管理的提升途径

除了上述持续改进策略外，还可以通过以下途径进一步提升幕墙施工质量管理水平：

利用信息技术手段提升幕墙施工质量管理水平。建立施工质量管理信息系统，实现施工过程的信息化管理和监控。通过数据分析、预警提醒等功能，及时发现并解决施工过程中的问题。同时，利用虚拟现实、仿真模拟等技术手段，对施工过程进行模拟和优化，提高施工效率和质量。

精细化管理是一种追求卓越、注重细节的管理理念。在幕墙施工质量管理中推行精细化管理，可以进一步提高施工质量水平。通过制订详细的施工计划和作业指导书，明确施工过程中的每一个环节和细节要求。加强施工现场的秩序管理和环境整治，确保施工过程的整洁有序。同时，建立质量问题的追溯制度，对质量问题进行根源分析和整改，防止问题再次发生。

质量文化是企业质量管理的灵魂。在幕墙施工质量管理中，加强质量文化建设至关重要。企业应树立"质量第一"的理念，将质量意识融入企业文化中。通过举办质量月、质量周等活动，宣传质量知识，提高全体员工的质量意识。同时，建立质量奖惩机制，对质量工作表现突出的员工进行表彰和奖励，对质量问题责任人进行问责和处罚，形成全员参与、共同关注质量的良好氛围。

（二）幕墙施工安全事故善后处理

幕墙施工质量和安全事故的善后处理是一项复杂而重要的工作，它涉及事故调查、责任认定、损失评估、修复与重建及预防措施的制定等多个环节。妥善进行善后处理不仅能够最大限度地减少事故带来的损失，还能为今后的施工提供宝贵的经验和教训。

1. 事故调查与责任认定

在幕墙施工质量与安全事故发生后，首要任务是进行事故调查，以查明事故原因和责任。调查工作应由专业的团队进行，包括技术人员、安全管理人员和法律顾问等。调查过程中，应收集现场证据、分析施工记录、审查相关文件和资料，并听取事故目击者和相关人员的证言。通过深入调查，可以了解事故发生的具体原因、责任主体以及存在的管理漏洞和技术问题。

在责任认定方面，应根据调查结果明确责任主体，包括施工单位、设计单位、监理单位以及材料供应商等。对于因施工质量问题导致的事故，应追究施工单位的责任；对于因设计缺陷导致的事故，应追究设计单位的责任；对于因监理不到位导致的事故，应追究监理单位的责任；对于因材料质量问题导致的事故，应追究材料供应商的责任。同时，还应考虑相关人员的个人责任，如施工人员、管理人员等是否存在违规操作、失职渎职等行为。

2. 损失评估与赔偿处理

损失评估是善后处理的重要环节，它涉及对事故造成的直接经济损失和间接经济损失进行量化评估。直接经济损失包括人员伤亡、财产损失、修复费用等；间接经济损失包括停工损失、声誉损失、市场份额减少等。通过损失评估，可以为后续的赔偿处理提供依据。

在赔偿处理方面，应根据责任认定结果确定赔偿主体和赔偿金额。对于施工单位、设计单位、监理单位等责任主体，应根据其责任大小承担相应的赔偿责任。同时，还应考虑受害方的损失情况，确保其得到合理的赔偿。在处理赔偿问题时，应遵循公平、公正、透明的原则，确保各方利益得到平衡。

3. 修复与重建工作

修复与重建工作是善后处理的核心环节，它旨在恢复幕墙的正常使用功能和外观效果。在修复过程中，应根据事故原因和损失情况制订详细的修复方案，包括修复材料的选择、修复工艺的确定以及修复质量的控制等。同时，还应加强现场安全管理，确保修复工作安全有序进行。

在重建工作方面，如果幕墙损坏严重无法修复或修复成本过高，可能需要考虑进行重建。重建工作应遵循相关标准和规范，确保新的幕墙具有更好的性能和安全性。在重建过程中，还应加强与业主、设计单位、监理单位等各方的沟通协调，确保重建工作顺利进行。

4. 预防措施的制定与实施

善后处理不仅仅是解决当前问题，更重要的是总结经验教训，制定有效的预防措施，防止类似事故再次发生。针对幕墙施工质量与安全事故的原因，应制定针对性的预防措施。例如，加强材料质量控制、优化施工工艺流程、提高施工人员素质、完善质量管理体系等。同时，还应加强安全教育培训和安全管理力度，提高全员的安全意识和操作技能水平。

此外，还应建立事故报告和信息共享机制，及时将事故信息和处理经验反馈给相关部门和单位，促进整个行业的安全水平提升。通过制定和实施有效的预防措施，可以最大限度地降低幕墙施工质量与安全事故的风险。

5. 加强沟通与协调

在善后处理过程中，加强与各方的沟通与协调至关重要。首先，与业主保持良好的沟通，及时向其报告事故进展、处理结果以及后续计划，确保其了解并满意处理过程。其次，与设计单位、监理单位等合作单位保持密切沟通，共同制订修复与重建方案，确保工作顺利进行。最后，与政府部门、行业协会等保持联系，及时获取相关政策法规和指导意见，为善后处理工作提供有力支持。

6. 持续改进与提升

善后处理不是一次性的工作，而是一个持续改进与提升的过程。在每次事故处理完毕后，应对整个处理过程进行回顾和总结，分析存在的问题和不足，提出改进措施和建议。同时，加强与其他企业和行业的交流与合作，学习借鉴先进的经验和技术，不断提升自身的安全管理水平和施工质量。

第五节　幕墙施工质量检查与验收

一、幕墙施工质量检查的内容与方法

幕墙作为现代建筑的重要组成部分,其施工质量直接关系到建筑的整体外观、安全性和使用寿命。因此,对幕墙施工质量的检查至关重要。

(一)幕墙施工质量检查的内容

幕墙施工质量检查的内容主要包括以下几个方面:

1. 材料检查

原材料检查:对幕墙所使用的铝型材、玻璃、密封胶、五金件等原材料进行检查,确保其质量符合相关标准和设计要求。

半成品检查:对幕墙加工过程中的半成品进行检查,如板材切割、钻孔、折弯等加工精度和尺寸是否符合要求。

2. 施工过程检查

安装工艺检查:检查幕墙安装过程中是否按照施工方案和技术要求进行操作,包括安装顺序、固定方式、调整精度等。

现场管理检查:对施工现场的管理情况进行检查,包括安全措施、环境保护、文明施工等方面是否符合规定。

3. 成品质量检查

外观质量检查:检查幕墙的平整度、垂直度、水平度等外观质量指标是否符合要求,同时观察是否有划伤、污渍等缺陷。

性能指标检查:对幕墙的密封性、抗风压性能、耐候性能等关键性能指标进行测试和检查,确保其符合设计要求和相关标准。

(二)幕墙施工质量检查的方法

幕墙施工质量检查的方法多种多样,以下是一些常用的检查方法:

目视检查法是最基本的检查方法,通过肉眼观察幕墙的外观质量、安装工艺和现场管理等方面的情况。检查人员应具备一定的专业知识和经验,能够准确判断幕墙施工质量的优劣。

测量检查法是通过使用测量工具对幕墙的尺寸、平整度、垂直度等指标进行测量和检查。常用的测量工具包括卷尺、水平尺、经纬仪等。测量检查法能够提供客观、准确的数据支持，对于确保幕墙施工质量的精确度具有重要意义。

仪器检测法是利用专门的检测仪器对幕墙的性能指标进行测试和检查。例如，可以使用气压表测试幕墙的密封性能，使用风洞试验设备测试幕墙的抗风压性能等。仪器检测法能够提供科学、可靠的检测结果，有助于发现潜在的质量问题。在某些情况下，为了验证幕墙的某些性能指标，可能需要进行破坏性试验。例如，对幕墙的密封胶进行剥离试验，以检查其黏结强度和耐久性。需要注意的是，破坏性试验法可能会对幕墙造成一定的破坏，因此应慎用该方法。

（三）幕墙施工质量检查的注意事项

在进行幕墙施工质量检查时，需要注意以下几点：

在进行幕墙施工质量检查前，应制订详细的检查计划，明确检查的内容、方法、标准和时间节点等。这有助于确保检查工作的全面性和系统性。检查人员应具备一定的专业知识和实践经验，能够准确判断幕墙施工质量的优劣。同时，检查人员还应具备高度的责任心和职业道德，确保检查工作的客观性和公正性。

在进行幕墙施工质量检查时，应遵循相关的国家和行业标准、规范及设计要求。这有助于确保检查工作的准确性和权威性。在检查过程中发现的质量问题应及时进行处理和整改，防止问题扩大化。同时，应对质量问题进行总结和分析，找出原因并采取有效措施加以预防。

（四）幕墙施工质量检查的意义

幕墙施工质量检查的意义主要体现在以下几个方面：

通过幕墙施工质量检查，可以及时发现和处理潜在的安全隐患，确保建筑的安全性和稳定性。这有助于避免因施工质量问题导致的安全事故和财产损失。幕墙作为建筑的外围护结构，其施工质量直接影响到建筑的整体品质。通过严格的施工质量检查，可以确保幕墙的外观质量、性能指标等方面符合设计要求，提升建筑的整体品质。

幕墙施工企业通过加强施工质量检查，可以展示企业的专业水平和责任意识，提升企业的社会声誉和竞争力。同时，优质的施工质量也是企业赢得客户信任和市场认可的重要保障。

二、幕墙施工质量验收的标准与程序

幕墙施工质量验收是确保幕墙工程符合设计要求、满足使用功能及安全性能的重要环节。

（一）幕墙施工质量验收的标准

幕墙施工质量验收的标准主要包括以下几个方面：

原材料应符合国家及行业标准，具备相应的质量证明文件。材料的规格、型号、尺寸等应符合设计要求，无明显缺陷和损伤。对于关键材料，如铝型材、玻璃、密封胶等，应进行抽样检测，确保其性能指标符合规定。

构件的加工精度应符合设计要求，表面应平整、光滑，无划痕、凹陷等缺陷。构件的连接应牢固可靠，焊缝应饱满、无裂纹、夹渣等缺陷。构件的尺寸、形状、位置等应符合设计要求，偏差应在允许范围内。

幕墙的安装应平整、垂直、水平，无明显变形和位移。幕墙的固定应牢固可靠，连接件应安装到位，无松动现象。幕墙的密封性应良好，无渗漏现象。

幕墙的抗风压性能、水密性能、气密性能等应符合设计要求和国家标准。幕墙的保温、隔热、隔声等性能应满足使用要求。幕墙的耐候性能应良好，无明显变色、老化等现象。

（二）幕墙施工质量验收的程序

幕墙施工质量验收一般包括以下几个步骤：

1. 验收准备

制订验收计划：根据幕墙工程的施工进度和合同约定，制订详细的验收计划，明确验收的时间、地点、人员及验收内容等。

准备验收工具：准备好必要的验收工具和设备，如测量工具、检测仪器等。

组织验收人员：成立验收小组，明确各成员的职责和分工，确保验收工作的顺利进行。

2. 材料验收

按照材料验收标准，对进场的原材料进行检查和验收。检查材料的规格、型号、数量等是否符合设计要求，查看质量证明文件是否齐全有效。对关键材料进行抽样检测，确保其性能指标符合要求。

3. 构件验收

在幕墙构件加工完成后，进行构件验收。检查构件的加工精度、表面质量、连接情况等是否符合要求。对不符合要求的构件进行整改或更换，直至满足验收标准。

4. 安装过程验收

在幕墙安装过程中，进行阶段性验收。检查幕墙的安装质量、固定方式、连接情况等是否符合设计要求。对安装过程中出现的问题及时进行处理和整改，确保安装质量符合要求。

5. 整体验收

幕墙安装完成后，进行整体验收。按照安装验收标准和性能验收标准，对幕墙的整体质量、性能指标等进行全面检查。对不符合要求的部分进行整改，直至满足验收标准。

6. 编写验收报告

验收完成后，编写验收报告。报告应详细记录验收的过程、结果及整改情况，对幕墙工程的施工质量进行客观评价。验收报告应作为工程资料的一部分，存档备查。

（三）幕墙施工质量验收的注意事项

在进行幕墙施工质量验收时，需要注意以下几点：

验收过程中，应严格遵循国家及行业标准、规范及设计要求，确保验收工作的准确性和权威性。幕墙工程中存在一些细节和关键部位，如密封胶的涂抹、固定件的安装等，这些部位的质量直接影响到幕墙的整体性能。因此，在验收过程中，应特别关注这些部位的检查，确保其质量符合要求。

验收过程中应做好详细的记录，包括验收的时间、地点、人员、内容、结果及整改情况等。同时，应整理好相关的质量证明文件、检测报告等资料，以备后续查阅和归档。在验收过程中发现的问题应及时进行处理和整改，防止问题扩大化。对于严重的问题，应停止施工并采取相应的补救措施，确保幕墙工程的施工质量。

第八章　幕墙施工成本控制与效益分析

第一节　幕墙施工成本的构成与控制方法

一、幕墙施工成本的构成与分类

幕墙作为现代建筑的重要组成部分，其施工成本的合理控制对于保证项目经济效益和施工质量具有重要意义。幕墙施工成本涵盖了多个方面，其构成和分类也相对复杂。

（一）幕墙施工成本的构成

幕墙施工成本主要由直接成本和间接成本两部分构成。

1. 直接成本

直接成本是指在幕墙施工过程中直接用于工程实体的费用，包括人工费、材料费、机械使用费及其他直接费。

人工费：人工费指支付给从事幕墙施工活动的工人的工资、津贴、奖金等费用。人工费是幕墙施工成本的重要组成部分，其水平受到劳动力市场供求关系、工人技能水平以及施工工期等多种因素的影响。

材料费：材料费指用于幕墙施工的各种原材料、辅助材料、构配件等的费用。材料费是幕墙施工成本的主要部分，其波动受到原材料价格、采购渠道、运输费用以及材料损耗率等因素的影响。

机械使用费：机械使用费指使用施工机械所产生的费用，包括机械折旧费、维修费、燃油费等。随着机械化程度的提高，机械使用费在幕墙施工成本中的比重逐渐增大。

其他直接费：其他直接费指除人工费、材料费、机械使用费以外的其他直接用于幕墙施工的费用，如临时设施费、现场管理费、试验检验费等。

2. 间接成本

间接成本是指为组织和管理幕墙施工活动所发生的费用，包括企业管理费、工程规费和税金。

企业管理费：企业管理费指施工企业为组织施工生产和经营管理所发生的费用，包括管理人员工资、办公费、差旅交通费、固定资产使用费等。企业管理费是幕墙施工成本中相对固定的部分，其水平受到企业规模、管理水平以及市场竞争状况等因素的影响。

工程规费：规费指政府和有关部门规定必须缴纳的费用，如工程排污费、社会保障费等。工程规费的缴纳标准由政府制定，施工企业需按规定执行。

税金：税金指施工企业按照国家税法规定应缴纳的税费，如增值税、所得税等。税金是幕墙施工成本中不可忽视的一部分，其计算和缴纳需遵循国家税法规定。

（二）幕墙施工成本的分类

根据不同的分类标准，幕墙施工成本可以分为多种类型。

1. 按成本习性分类

根据成本习性，幕墙施工成本可分为固定成本和变动成本。固定成本是指在一定范围内不随工程量变化而变化的成本，如企业管理费中的管理人员工资、办公费等；变动成本是指随工程量变化而变化的成本，如人工费、材料费、机械使用费等。这种分类有助于施工企业根据工程量变化预测和调整成本水平。

2. 按成本可控性分类

根据成本可控性，幕墙施工成本可分为可控成本和不可控成本。可控成本是指施工企业在施工过程中可以通过自身努力加以控制和调节的成本，如人工费、材料费、机械使用费等；不可控成本是指施工企业在施工过程中无法控制的成本，如规费、税金等。这种分类有助于施工企业明确成本控制的责任和重点，制定有效的成本控制措施。

3. 按成本发生的时间分类

根据成本发生的时间，幕墙施工成本可分为预算成本、计划成本和实际成本。预算成本是指在幕墙施工前根据设计图纸和施工组织设计编制的成本预算；计划成本是指在施工过程中根据实际情况制定的成本控制目标；实际成本是指在幕墙施工完成后根据实际发生的费用计算得到的成本。这种分类有助于施工企业进行成本预测、控制和核算，实现成本管理的全过程控制。

（三）幕墙施工成本控制策略

针对幕墙施工成本的构成和分类，施工企业可以采取以下策略进行成本控制：

通过提高工人技能水平、合理安排工期、优化劳动组织等方式降低人工费支出；同时，加强劳动力市场监管，合理确定工资水平，避免人工费浪费。通过集中采购、比价采购等方式降低材料采购成本；加强材料库存管理，减少材料损耗和浪费；推广新材料、新工艺的应用，提高材料利用效率。

通过引进先进的施工机械、提高机械使用效率等方式降低机械使用费支出；同时，加强机械设备的维护保养，延长机械设备使用寿命。通过精简管理机构、降低管理费用、提高管理效率等方式降低间接成本支出；同时，加强财务管理和税务筹划，合理利用税收政策降低税金支出。

二、幕墙施工成本控制的原则与目标

幕墙施工成本控制是建筑项目管理中的关键环节，它直接关系到项目的经济效益和企业的竞争力。在进行幕墙施工成本控制时，必须遵循一定的原则，并设定明确的目标，以确保成本控制工作的有效性和高效性。

（一）幕墙施工成本控制的原则

在进行幕墙施工成本控制时，应遵循以下几个基本原则：

幕墙施工成本控制应贯穿项目施工的全过程，包括项目决策、设计、施工和竣工结算等各个阶段。同时，成本控制应涉及项目的各个方面，包括人工、材料、机械、管理等各项费用。只有全面控制，才能确保成本控制工作的全面性和有效性。幕墙施工成本控制应以实现项目成本目标为导向，明确具体的成本控制目标和措施。在项目施工过程中，应定期对成本控制目标的实际执行情况进行检查和分析，及时发现问题并采取相应措施进行调整，以确保成本控制目标的实现。

幕墙施工成本控制是一个动态的过程，应根据项目施工的实际情况进行动态调整。在项目施工过程中，可能会遇到各种不确定因素，如设计变更、材料价格波动等，这些都会对成本控制产生影响。因此，成本控制人员应密切关注项目施工的动态变化，及时调整成本控制措施，以适应实际情况的变化。幕墙施工成本控制应以实现项目的最大经济效益为目标，合理控制各项费用支出。在成本控制过程中，应充分考虑成本与效益的关系，避免过度压缩成本而导致项目质量下降或工期延误等不利后果。同时，应积极寻求降低成本的途径和方法，提高项目的经济效益。

幕墙施工成本控制应明确各部门的职责和权限，建立健全的成本控制责任体系。通过明确责任，可以确保成本控制工作的顺利进行，避免出现责任不清、推诿扯皮的情况。同时，应建立相应的考核机制，对成本控制工作的执行情况进行考核和奖惩，以激励各部门积极履行成本控制职责。

（二）幕墙施工成本控制的目标

幕墙施工成本控制的目标主要包括以下几个方面：

降低项目成本是幕墙施工成本控制的核心目标。通过优化施工方案、提高施工效率、降低材料消耗和减少浪费等措施，实现项目成本的降低。这不仅可以提高企业的经济效益，还可以增强企业的市场竞争力。在降低成本的同时，幕墙施工成本控制还应注重提高项目质量。通过加强质量管理和监督，确保施工过程中的质量符合设计要求和相关标准。高质量的幕墙工程不仅可以提升建筑的整体品质，还可以减少后期维修和更换的成本。

缩短项目工期也是幕墙施工成本控制的一个重要目标。通过合理安排施工进度、优化施工流程和提高施工效率等措施，缩短项目工期，减少因工期延误而产生的额外费用。同时，缩短工期还可以提高项目的资金使用效率，降低资金成本。幕墙施工成本控制的最终目标是增强企业的竞争力。通过有效控制成本，企业可以在保证项目质量和工期的前提下，以更低的价格提供优质的服务，从而赢得更多的市场份额和客户信任。同时，成本控制还可以提高企业的管理水平和运营效率，为企业的可持续发展奠定基础。

（三）实现幕墙施工成本控制目标的措施

为了实现上述成本控制目标，可以采取以下措施：

在项目施工前，应制订详细的成本控制计划，明确各项费用的预算和控制目标。计划应包括人工费、材料费、机械费、管理费等各项费用的预算和核算方法，以及成本控制的具体措施和时间节点等。材料费是幕墙施工成本的重要组成部分，因此应加强材料管理，降低材料成本。可以通过集中采购、比价采购等方式降低材料采购成本；加强材料库存管理，减少材料损耗和浪费；推广新材料、新工艺的应用，提高材料利用效率。

提高施工效率是降低人工费和机械费的有效途径。可以通过优化施工方案、采用先进的施工技术和设备、合理安排施工进度等措施提高施工效率。同时，加强施工人员的培训和管理，提高施工人员的技能水平和安全意识，也是提高施工效率的重要手段。质量是幕墙工程的生命线，也是成本控制的关键因素。应加强质量管理，确保施工质量符合设计要求和相关标准。通过加强质量检测和验收工作，及时发现和纠正质量问题，避免因质量问题导致的成本增加和工期延误。

建立成本控制信息系统，实现成本控制数据的实时采集、分析和反馈。通过信息系统，可以及时了解成本控制的实际执行情况，发现问题并采取相应措施进行调整。同时，信息系统还可以为决策提供支持，帮助管理人员制定更加科学合理的成本控制策略。

三、幕墙施工成本控制的方法与策略

幕墙作为现代建筑的重要特征之一，其施工成本控制对于确保项目的经济效益和顺利进行至关重要。

（一）幕墙施工成本控制的方法

幕墙施工成本控制的方法多种多样，下面将介绍几种常用的方法：

成本预算法。成本预算法是通过编制详细的成本预算，对幕墙施工过程中的各项费用进行预测和控制。这种方法要求在项目施工前，根据设计图纸、施工方案和市场行情等因素，对人工费、材料费、机械费、管理费等各项费用进行估算，并制定出合理的预算标准。在施工过程中，通过对比实际成本与预算成本的差异，及时发现问题并采取措施进行调整，以确保成本控制目标的实现。

挣值管理法。挣值管理法是一种将项目范围、时间和成本综合考虑的成本控制方法。它通过计算项目的挣值（已完成工作的预算成本）、实际成本（已完成工作的实际成本）和预算成本（计划工作的预算成本），来评估项目的成本绩效。通过比较挣值与预算成本和实际成本的差异，可以判断项目的成本是否偏离了预期，并采取相应的措施进行调整。

价值工程法。价值工程法是通过分析产品或项目的功能与成本之间的关系，寻求以最低成本实现必要功能的方法。在幕墙施工中，可以运用价值工程法对施工方案进行优化，寻找在满足设计要求的前提下降低成本的途径。例如，通过采用新型材料、改进施工工艺等方式，降低材料消耗和人工成本，提高施工效率。

（二）幕墙施工成本控制的策略

除了上述方法外，还可以采取以下策略来有效控制幕墙施工成本：

材料费是幕墙施工成本的主要组成部分，因此加强材料管理是成本控制的关键。首先，应建立严格的材料采购制度，通过集中采购、比价采购等方式降低采购成本。其次，加强材料库存管理，避免材料浪费和损失。最后，还可以推广使用新材料、新工艺，提高材料利用效率，降低材料消耗成本。

施工方案的优化对于降低施工成本具有重要意义。在施工前，应对施工方案进行仔细研究和分析，找出可能存在的浪费和不合理之处，并提出改进方案。通过优化施工方案，可以降低人工费、机械费等直接成本，同时提高施工效率和质量。

机械化施工是提高施工效率、降低人工成本的有效途径。在幕墙施工中，应尽可能采用机械化作业方式，减少人工操作。同时，加强机械设备的维护和保养，确保设备的正常运转和高效使用。通过提高机械化施工水平，可以有效降低人工成本，提高施工效率。

质量问题和安全事故往往会导致成本的增加。因此，加强质量管理和安全管理是成本控制的重要环节。在幕墙施工中，应建立完善的质量管理体系和安全管理体系，加强质量检测和验收工作，确保施工质量符合设计要求和相关标准。同时，加强安全教育和培训，提高施工人员的安全意识和操作技能，防止安全事故的发生。

成本控制不仅是财务部门的职责，更是全体员工的共同任务。因此，应强化全体员工的成本控制意识，使他们充分认识到成本控制的重要性。通过培训和教育，使员工掌握成本控制的基本知识和技能，能够在日常工作中主动采取成本控制措施。同时，建立激励机制，对在成本控制方面做出突出贡献的员工给予奖励，激发员工的积极性和创造力。

第二节　幕墙施工成本的核算与分析

一、幕墙施工成本的核算方法与流程

幕墙施工成本的核算对工程项目而言是至关重要的，它关系到项目经济效益的准确评估以及成本控制的有效性。

（一）幕墙施工成本核算的基本方法

幕墙施工成本的核算主要包括直接成本和间接成本的核算。直接成本是指与幕墙施工直接相关的费用，如人工费、材料费、机械费等；间接成本则是指与施工活动间接相关的费用，如管理费、办公费等。下面将分别介绍这两类成本的核算方法。

1. 直接成本的核算方法

人工费的核算：根据施工人员的工资标准、工作时间和工作量，计算出人工费总额。需要考虑的因素包括人员数量、工资级别、加班费等。

材料费的核算：根据施工所需材料的种类、数量和市场价格，计算出材料费总额。需要注意材料的损耗率和退料情况，确保材料费用的准确性。

机械费的核算：根据施工所需机械的种类、数量和使用时间，计算出机械费总额。需要考虑机械的租赁费用、维护费用及燃油费用等。

2. 间接成本的核算方法

间接成本的核算相对复杂，一般根据项目的规模和复杂度来分摊。可以采用以下几种方法：

固定分摊法：将间接成本按照固定的比例分摊到各个施工环节中。这种方法简单易行，但可能不够准确。

工作量分摊法：根据各个施工环节的工作量来分摊间接成本。这种方法相对更准确，但需要详细记录各个环节的工作量数据。

费用比例分摊法：根据直接成本的比例来分摊间接成本。这种方法能够反映成本与收入之间的关系，但需要确保直接成本的准确性。

（二）幕墙施工成本核算的流程

幕墙施工成本的核算流程包括数据收集、成本计算、成本分析和成本控制等环节。下面将详细介绍这些环节的具体内容。

1. 数据收集

数据收集是成本核算的基础工作，需要收集与施工成本相关的各类数据，包括以下几种：

人工数据：施工人员的出勤记录、工资标准、加班情况等。

材料数据：材料的采购清单、入库记录、出库记录、损耗情况等。

机械数据：机械的租赁合同、使用时间记录、维护记录等。

间接成本数据：管理费用、办公费用、交通费用等支出记录。

2. 成本计算

在收集到足够的数据后，开始进行成本计算。根据前文所述的核算方法，对直接成本和间接成本进行计算。计算过程中需要注意数据的准确性和完整性，避免出现漏算或重复计算的情况。

3. 成本分析

成本分析是对计算出的成本数据进行深入剖析的过程。通过成本分析，可以了解各项费用的构成和比例，找出成本偏高的原因和潜在的节约空间。成本分析可以采用比较分析法、趋势分析法等方法，结合实际情况进行深入分析。

4. 成本控制

成本控制是成本核算的最终目的。在成本分析的基础上，制定针对性的成本控制措施，包括优化施工方案、降低材料消耗、提高施工效率等。同时，建立成本控制责任体系，明确各部门的成本控制职责和目标，确保成本控制工作的有效实施。

（三）注意事项

在进行幕墙施工成本核算时，需要注意以下几点：

成本核算的准确性直接取决于数据的准确性和完整性。因此，在数据收集过程中要认真细致，确保数据的真实性和可靠性。同时，要建立健全的数据管理制度，对数据进行定期备份和检查，防止数据丢失或损坏。

核算方法的选择应根据项目的实际情况和需要来确定。不同的核算方法有其优缺点和适用范围，应综合考虑项目的规模、复杂度、工期等因素进行选择。同时，要注意核算方法的合理性和可行性，避免出现核算结果失真或难以实施的情况。

成本分析和控制是成本核算的重要环节。通过深入分析和有效控制，可以发现并解决成本控制中的问题和隐患，提高项目的经济效益和社会效益。因此，要重视成本分析与控制工作，建立健全的成本管理体系和制度，确保成本控制工作的有效实施。

二、幕墙施工成本的分析指标与体系

幕墙作为现代建筑的重要组成部分，其施工成本的分析与控制对于项目的经济效益和竞争力具有至关重要的作用。成本分析指标与体系的构建，能够帮助企业更准确地把握成本构成，发现成本控制的关键点，从而制定有效的成本控制策略。

（一）幕墙施工成本分析指标

幕墙施工成本分析指标是评估成本控制效果的重要依据，包括直接成本指标和间接成本指标两大类。

1. 直接成本指标

人工费指标：反映施工过程中人工费用的支出情况，包括工资、福利、保险等费用。人工费指标的高低直接影响到施工成本，因此需要密切关注并合理控制。

材料费指标：反映施工所需材料的采购、运输、保管等费用。材料费是幕墙施工成本的主要组成部分，其控制效果直接影响到整体成本水平。

机械费指标：反映施工机械的租赁、使用、维护等费用。机械费指标的高低与施工效率密切相关，优化机械配置和使用方式对于降低成本具有重要意义。

2. 间接成本指标

管理费指标：反映项目管理过程中所产生的费用，包括管理人员工资、办公费用、差旅费等。管理费指标的控制有助于提升项目管理效率，减少不必要的开支。

税费指标：反映企业应缴纳的各类税费，包括增值税、所得税等。税费指标是企业无法直接控制的外部成本，但合理的税务筹划有助于降低税负，提高经济效益。

（二）幕墙施工成本分析体系

幕墙施工成本分析体系是一个综合性的成本控制工具，包括成本预测、成本计划、成本核算、成本分析和成本控制等环节。

成本预测是在项目开始前，根据设计方案、市场行情和历史数据等因素，对幕墙施工成本进行初步估算。成本预测有助于企业确立合理的成本控制目标，为后续的成本控制工作奠定基础。

成本计划是根据成本预测结果，制定详细的成本控制方案。成本计划应明确各项费用的预算标准、控制措施和责任分工，确保成本控制工作的有序进行。成本核算是对实际发生的成本进行记录、计算和汇总的过程。通过成本核算，可以及时了解各项费用的支出情况，为成本分析和控制提供数据支持。

成本分析是对成本核算结果进行深入剖析的过程，旨在找出成本控制中存在的问题和原因，提出改进措施。成本分析可以采用比较分析法、因素分析法等方法，从多个角度对成本构成进行剖析。成本控制是成本分析体系的核心环节，旨在通过一系列措施降低实际成本，实现成本控制目标。成本控制措施包括优化施工方案、降低材料消耗、提高施工效率等。同时，建立成本控制责任体系，明确各部门的成本控制职责和目标，确保成本控制工作的有效实施。

（三）幕墙施工成本分析指标与体系的应用

在实际工程项目中，应根据项目的具体情况和需求，灵活运用幕墙施工成本分析指标与体系。通过定期收集和分析成本数据，企业可以及时发现成本控制中的问题和隐患，制定具有针对性的改进措施。同时，将成本分析与项目管理相结合，有助于提升项目管理的整体水平和竞争力。

（四）优化幕墙施工成本分析指标与体系的建议

进一步优化幕墙施工成本分析指标与体系，可以参考以下建议：

加强成本数据的收集和管理，确保数据的准确性和完整性。

根据项目的实际情况和需求，选择合适的分析方法和工具，提高成本分析的准确性和效率。

定期对成本分析指标与体系进行评估和调整，以适应不断变化的市场环境和项目需求。

加强成本控制责任体系的建设，明确各部门的成本控制职责和目标，形成合力，共同推进成本控制工作。

三、幕墙施工成本的偏差分析与纠偏措施

幕墙施工成本是建筑工程中不可忽视的重要组成部分，其成本控制的好坏直接关系到项目的经济效益和企业的竞争力。然而，在实际施工过程中，由于各种因素的影响，幕墙施工成本往往会出现偏差。因此，对幕墙施工成本的偏差进行深入分析，并采取有效的纠偏措施，对于确保项目的顺利进行和实现成本控制目标具有重要意义。

（一）幕墙施工成本偏差分析

幕墙施工成本偏差分析是通过对实际成本与预算成本的比较，找出两者之间的差异及其原因的过程。成本偏差分析有助于企业及时发现成本控制中的问题，为制定纠偏措施提供依据。

1. 成本偏差的类型

预算不足型偏差：预算不足型偏差指实际成本超过预算成本的情况。这种偏差可能是由于预算编制不合理、材料价格上涨、施工难度增加等因素导致的。

预算剩余型偏差：预算剩余型偏差指实际成本低于预算成本的情况。这种偏差虽然看似有利于成本控制，但也可能暴露出预算编制过于宽松、材料使用不当、施工质量不达标等问题。

2. 成本偏差的原因分析

施工方案变更：施工过程中，由于设计变更、业主需求变化等原因，可能导致施工方案发生调整，从而引发成本偏差。

材料价格波动：幕墙施工所需材料的市场价格受多种因素影响，如供需关系、国际形势等，价格波动可能导致成本偏差。

施工效率问题：施工效率低下可能导致人工成本增加，进而影响整体成本。

管理不善：项目管理不善，如成本控制意识不强、成本管理制度不完善等，也可能导致成本偏差。

（二）幕墙施工成本纠偏措施

针对幕墙施工成本的偏差，需要采取有效的纠偏措施，以确保成本控制目标的实现。

增强全体员工的成本控制意识是纠偏工作的首要任务。通过培训、宣传等方式，使员工充分认识到成本控制的重要性，树立成本节约观念，增强成本控制责任感。针对施工方案变更导致的成本偏差，应加强与业主、设计单位的沟通，提前预见并调整施工方案，避免不必要的成本增加。同时，采用先进的施工技术和管理方法，提高施工效率，降低人工成本。

材料成本是幕墙施工成本的重要组成部分。为控制材料成本，应密切关注市场价格动态，合理选择采购时机；加强材料库存管理，减少材料浪费和损耗；推行材料节约措施，提高材料利用率。建立健全的成本管理制度是确保成本控制工作有序进行的关键。企业应制定详细的成本控制流程、标准和责任分工，明确成本控制目标和措施。同时，加强成本核算和成本分析工作，及时发现成本偏差并采取措施予以纠正。

建立成本监控与预警机制，对幕墙施工成本进行实时监控和动态分析。通过设定成本预警阈值，及时发现成本偏差并发出预警信号，以便企业及时采取措施进行纠偏。

借助现代信息技术和成本管理软件，实现成本数据的实时采集、处理和分析。通过数据驱动的决策支持，提高成本控制的精准性和有效性。

（三）纠偏措施的实施与效果评估

制定纠偏措施后，需要确保其得到有效实施，并对实施效果进行评估。

企业应明确纠偏措施的实施责任人和实施计划，确保各项措施能够按时、按质完成。同时，加强对实施过程的监督和检查，确保措施得到有效执行。定期对纠偏措施的实施效果进行评估，分析成本偏差是否得到有效控制，以及成本控制目标是否实现。根据评估结果，及时调整和优化纠偏措施，以适应不断变化的市场环境和项目需求。同时，将评估结果反馈给相关部门和人员，以激励其继续努力改进成本控制工作。

四、幕墙施工成本的优化与降低途径

幕墙作为现代建筑的重要组成部分，其施工成本的优化与降低对于提升项目的经济效益和企业的竞争力具有重要意义。

（一）幕墙施工成本优化的重要性

幕墙施工成本的优化不仅是企业提升经济效益的关键环节，也是适应市场竞争的必然要求。通过优化施工成本，企业可以在保证工程质量的前提下，降低项目成本，提高利润空间。同时，优化施工成本还有助于提升企业的管理水平和核心竞争力，为企业的可持续发展奠定坚实基础。

（二）幕墙施工成本优化的基本原则

在进行幕墙施工成本优化时，应遵循以下基本原则：

成本效益原则：优化成本应以实现项目的经济效益为目标，避免无谓的浪费和损失。

实事求是原则：根据项目的实际情况和需求，制订合理的成本优化方案，避免盲目追求低成本而牺牲工程质量。

系统性原则：将成本优化作为一个系统工程来考虑，从设计、采购、施工等各个环节入手，实现全局优化。

（三）幕墙施工成本优化的具体途径

1. 优化设计方案

设计方案的优劣直接影响到幕墙施工成本的高低。因此，优化设计方案是降低施工成本的重要途径。具体措施包括以下几种：

合理选择幕墙类型：根据建筑的功能需求和外观要求，选择适合的幕墙类型，避免过度设计或设计不足。

优化幕墙结构：通过改进幕墙结构的设计，减少材料用量和加工难度，降低施工成本。

提高幕墙性能：采用先进的材料和工艺，提高幕墙的保温、隔热、防水等性能，减少后期维护成本。

2.加强材料管理

材料管理是幕墙施工成本控制的重要环节。通过加强材料管理，可以降低材料浪费和损耗，实现成本的优化。具体措施包括以下几种：

科学采购材料：选择信誉良好的供应商，确保材料的质量和价格优势。同时，加强材料采购的计划性，避免盲目采购和库存积压。

合理配置材料：根据施工进度和实际需求，合理配置材料用量，减少浪费和损耗。

加强材料回收：对施工中产生的废料和余料进行回收再利用，降低材料成本。

3.提高施工效率

施工效率的高低直接影响到幕墙施工成本的大小。提高施工效率不仅可以缩短工期，还可以降低人工成本。具体措施包括以下几种：

引进先进设备：采用先进的施工设备和工艺，提高施工效率和质量。

优化施工流程：合理安排施工顺序和进度，减少施工中的等待和空闲时间。

加强施工培训：提高施工人员的技能水平和工作效率，降低人工成本。

4.强化项目管理

项目管理是幕墙施工成本控制的关键环节。通过强化项目管理，可以提高项目的管理水平和成本控制能力。具体措施包括以下几种：

建立成本控制体系：制定完善的成本控制制度和流程，明确成本控制的责任和目标。

加强成本核算：定期对项目的成本进行核算和分析，找出成本偏差的原因并采取措施予以纠正。

推行精细化管理：通过精细化管理，实现对项目各项费用的精确控制和管理。

（四）幕墙施工成本降低的潜在途径

除了上述具体的优化途径外，还有一些潜在的途径可以进一步降低幕墙施工成本：

技术创新：不断探索和应用新的施工技术和材料，提高施工效率和质量，降低施工成本。

供应链管理：与供应商建立长期稳定的合作关系，实现供应链的优化和整合，降低采购成本。

绿色施工：推广绿色施工理念和方法，减少施工对环境的影响，降低环保成本。

第三节 幕墙施工成本的优化与降低途径

一、幕墙施工成本优化的原则与方法

幕墙作为现代建筑的重要组成部分，其施工成本的优化对于提升项目的经济效益和企业的竞争力至关重要。

（一）幕墙施工成本优化的原则

在进行幕墙施工成本优化时，需要遵循以下原则：

目标导向原则：成本优化应始终围绕项目的总体目标和经济效益进行，确保优化的方向与项目需求相一致。

综合平衡原则：在优化过程中，需要综合考虑质量、进度、安全等因素，实现各要素之间的平衡与协调。

实事求是原则：根据项目的实际情况和市场需求，制定切实可行的优化方案，避免脱离实际的盲目优化。

系统性原则：将成本优化作为一个系统工程来考虑，从设计、采购、施工等各个环节入手，实现全局优化。

持续改进原则：成本优化是一个持续的过程，需要不断地总结经验教训，改进优化方法，提高优化效果。

（二）幕墙施工成本优化的方法

1. 设计阶段的成本优化

设计阶段是幕墙施工成本优化的关键阶段。在设计阶段，可以通过以下方法进行成本优化：

合理选择幕墙系统：根据项目需求和实际情况，选择经济合理的幕墙系统，避免过度设计或设计不足。

优化材料选型：在满足功能需求和外观要求的前提下，选择性价比高的材料，降低材料成本。

精细化设计：通过精细化设计，减少不必要的构造和节点，降低施工难度和成本。

2.采购阶段的成本优化

采购阶段是幕墙施工成本优化的重要环节。在采购阶段，可以采取以下措施进行成本优化：

集中采购：通过集中采购，提高采购规模，降低采购成本。

优选供应商：选择具有良好信誉和稳定供应能力的供应商，确保材料质量和交货期。

合理控制库存：根据施工进度和实际需求，合理控制库存量，避免库存积压和浪费。

3.施工阶段的成本优化

施工阶段是幕墙施工成本优化的重点阶段。在施工阶段，可以通过以下方法进行成本优化：

提高施工效率：通过优化施工流程、引进先进施工设备和技术、加强施工人员培训等措施，提高施工效率，降低人工成本。

减少材料浪费：加强材料管理，合理调配材料，减少材料浪费和损耗。

加强质量管理：通过加强质量管理，减少质量问题的发生，降低返工和维修成本。

4.管理阶段的成本优化

管理阶段也是幕墙施工成本优化的重要环节。在管理阶段，可以采取以下措施进行成本优化：

建立成本管理体系：制定完善的成本管理制度和流程，明确成本管理的责任和目标。

加强成本核算与分析：定期对项目的成本进行核算和分析，找出成本偏差的原因并采取措施予以纠正。

推行精细化管理：通过精细化管理，实现对项目各项费用的精确控制和管理。

（三）幕墙施工成本优化的实践建议

为了更好地实施幕墙施工成本优化，可参考以下实践建议：

加强团队建设：建立一支专业、高效、协作的团队，提高团队凝聚力和执行力。

强化沟通与协作：加强与设计、采购、施工等各方之间的沟通与协作，形成合力，共同推动成本优化工作。

注重数据支撑：充分利用数据资源，对项目的成本进行量化分析和评估，为优化决策提供有力支持。

创新优化方法：不断探索和创新成本优化的方法和技术手段，提高优化效果和水平。

二、幕墙施工成本降低的具体措施

幕墙作为现代建筑的重要组成部分，其施工成本的降低对于提升项目的经济效益和企业的竞争力具有重要意义。

（一）优化设计方案，降低材料成本

设计方案的优化是降低幕墙施工成本的关键环节。首先，设计师应充分考虑材料的利用率，避免设计中出现过多的材料浪费。通过合理的结构设计，减少材料的用量和加工难度，从而降低材料成本。其次，设计师应关注材料的性价比，选择符合项目需求且价格合理的材料，避免使用过于昂贵或不必要的材料。此外，还可以考虑采用新型材料或替代材料，以降低材料成本。

（二）加强材料管理，减少浪费与损耗

材料管理是幕墙施工成本降低的重要环节。首先，企业应建立完善的材料采购制度，确保采购的材料质量可靠、价格合理。其次，加强与供应商的沟通与合作，确保材料供应的及时性和稳定性。再次，加强施工现场的材料管理，建立材料领取和使用制度，避免材料的随意浪费和不合理使用。最后，定期对施工现场进行巡查，及时发现和处理材料浪费和损耗问题，确保材料的有效利用。

（三）提高施工效率，降低人工成本

施工效率的提高是降低幕墙施工成本的有效途径。首先，企业应引进先进的施工设备和工艺，提高施工效率和质量。其次，加强施工人员的技能培训，提高他们的操作水平和工作效率。再次，优化施工流程，合理安排施工顺序和进度，减少施工中的等待和空闲时间。最后，加强施工现场的协调与管理，确保各施工环节之间的衔接顺畅，提高整体施工效率。

（四）推行精细化管理，降低间接成本

精细化管理是降低幕墙施工成本的重要手段。首先，企业应建立完善的成本管理体系，明确成本管理的责任和目标。通过制定详细的成本预算和核算制度，

实现对项目各项费用的精确控制和管理。其次，加强成本核算与分析，定期对项目的成本进行核算和分析，找出成本偏差的原因并采取措施予以纠正。最后，推行节能降耗措施，降低施工过程中的能源消耗和排放，减少环保成本。

（五）加强质量控制，减少返工与维修成本

质量控制是降低幕墙施工成本的重要保障。首先，企业应建立完善的质量管理体系，确保施工过程中的质量控制和检验工作得到有效执行。通过加强质量检查和验收，及时发现和处理质量问题，避免质量问题的扩大和恶化。其次，加强施工人员的质量意识培训，提高他们的质量意识和操作技能。最后，加强与业主和监理单位的沟通与合作，确保施工过程中的质量问题和意见得到及时处理和解决，减少返工和维修成本。

（六）引入先进技术，提升施工效率与质量

随着科技的不断发展，新的施工技术和设备不断涌现，为幕墙施工成本的降低提供了有力支持。企业应积极引入先进的施工技术和设备，如自动化焊接、智能测量等，以提高施工效率和质量。同时，加强技术研发和创新，推动幕墙施工技术的不断进步和升级，为成本的降低提供更多可能性。

（七）加强项目管理，优化资源配置

项目管理是幕墙施工成本降低的关键环节。首先，企业应建立完善的项目管理体系，明确项目管理的目标和任务。通过制订详细的项目计划和进度安排，确保施工过程的顺利进行。其次，加强项目团队的建设和管理，提高团队的协作能力和执行力。最后，优化资源配置，根据项目需求合理分配人力、物力和财力资源，避免资源的浪费和闲置。

（八）实施成本控制责任制，强化成本控制意识

实施成本控制责任制是降低幕墙施工成本的有效手段。企业应明确成本控制的责任主体和具体任务，将成本控制目标层层分解到各个部门和岗位。同时，建立成本控制考核机制，对成本控制工作进行考核和评价，激励员工积极参与成本控制工作。此外，加强成本控制意识的宣传和培训，提高全体员工对成本控制工作的认识和重视程度。

三、幕墙施工成本优化与降低的持续改进

幕墙施工成本优化与降低是一个持续的过程，需要不断地进行改进和调整，以适应市场的变化和技术的发展。

（一）建立成本优化与降低的长效机制

为了实现幕墙施工成本的持续优化与降低，企业需要建立一套长效机制，确保成本管理工作能够持续、稳定地进行。这包括制定明确的成本优化目标、建立成本管理制度和流程、设立专门的成本管理机构或岗位、加强成本管理的培训和宣传等。通过长效机制的建设，可以确保成本优化与降低工作得到足够的重视和有效的执行。

（二）加强成本数据的收集与分析

成本数据的收集与分析是幕墙施工成本优化与降低的基础。企业应建立完善的成本数据收集系统，及时、准确地收集施工过程中的各项成本数据。同时，加强对成本数据的分析，通过对比、分析、挖掘等方法，找出成本偏高的原因和潜力点，为优化与降低成本提供有力支持。

（三）推行持续改进的管理理念

持续改进是幕墙施工成本优化与降低的核心思想。企业应树立持续改进的管理理念，鼓励员工积极参与成本优化与降低工作，提出改进意见和建议。同时，建立激励机制，对在成本优化与降低工作中取得显著成效的员工进行表彰和奖励，激发员工的积极性和创造力。

（四）引进先进的管理技术与方法

随着科技的不断进步，新的管理技术和方法不断涌现，为幕墙施工成本优化与降低提供了更多的可能性。企业应积极引进先进的管理技术与方法，如精细化管理、信息化管理、价值工程等，提高成本管理的效率和水平。通过应用这些先进的管理技术与方法，可以更加精确地控制成本，实现成本的持续优化与降低。

（五）加强供应链管理与合作

供应链是幕墙施工成本的重要组成部分，加强供应链管理与合作对于降低施工成本具有重要意义。企业应加强与供应商的合作与沟通，建立长期稳定的合作

关系，确保材料供应的及时性和稳定性。同时，对供应商进行定期评估，选择性价比高、质量可靠的供应商，降低采购成本。此外，还可以考虑与供应商共同研发新材料、新工艺，实现成本的共同降低。

（六）培养成本优化与降低的专业人才

专业人才是幕墙施工成本优化与降低的关键。企业应注重培养具备成本管理知识和技能的专业人才，通过培训、交流、实践等方式，提高他们的成本意识和优化能力。同时，建立成本管理专家库或智囊团，为企业的成本优化与减小工作压力提供智力支持。

（七）注重创新与研发

创新是幕墙施工成本优化与降低的源泉。企业应注重创新与研发工作，鼓励员工提出新的施工方法和工艺，探索新的成本控制手段。同时，加强与科研机构、高校等合作，引进先进的技术和理念，推动幕墙施工技术的不断进步和升级。

（八）建立成本反馈与调整机制

成本反馈与调整机制是实现幕墙施工成本持续优化与降低的重要保障。企业应建立定期的成本反馈与调整机制，及时对成本优化与降低工作进行总结和评估，以发现问题和不足，及时制定改进措施并付诸实施。同时，根据市场变化和技术发展，适时调整成本优化与降低的策略和方法，确保成本管理工作始终与市场和技术保持同步。

参考文献

[1] 黄圻. 建筑幕墙与构造 [M]. 北京：中国建材工业出版社, 2009.

[2] 王东升，杨松森. 建筑幕墙施工技术 [M]. 北京：中国海洋大学出版社, 2008.

[3] 刘正权. 建筑幕墙检测 [M]. 北京：中国计量出版社, 2007.

[4] 张芹. 新编建筑幕墙技术手册 [M]. 济南：山东科学技术出版社, 2004.

[5] 艾鸿远，周祥广，戴景干. 现代建筑幕墙设计实录 [M]. 南京：东南大学出版社, 2003.

[6] 董红. 建筑门窗幕墙创新与发展 [M]. 中国教材工业出版社, 2019.

[7] 章一峰，王伟. 解构幕墙：为建筑穿新衣 [M]. 延吉：延边大学出版社, 2019.

[8] 雍本. 建筑装饰幕墙 [M]. 成都：四川科学技术出版社, 2000.

[9] 杜继予. 现代建筑门窗幕墙技术与应用 :2018 科源奖学术论文集 [M]. 北京：中国建材工业出版社, 2018.

[10] 阎玉珍，顾宇. 建筑玻璃幕墙、玻璃屋面材料与施工 [M]. 北京：中国建材工业出版社, 2007.

[11] 苏笋然. 建筑幕墙工程施工工艺与材料研究 [M]. 哈尔滨：哈尔滨出版社, 2020.